职业教育课程改革创新规划教材

基于 C 语言与 Proteus 联合仿真的单片机技术

主　编　丘利丽　何　波

参　编　李旭伟　陆志强

主　审　陈琨韶

U0226321

电子工业出版社

Publishing House of Electronics Industry

北京 · BEIJING

内 容 简 介

本书适用于一体化教学。全书包括五个学习情境，分别是海珠桥灯饰工程的设计与调试、数字钟的设计与调试、轻工 LED 电子显示屏的设计与调试、家居报警系统的设计与调试和超声波汽车倒车雷达的设计与调试。这五个学习情境的整体结构采用由易到难、循序渐进的方式，内容包含了单片机最小系统、传感器、按键输入、定时中断、流水灯、数码管、点阵、LCD 液晶显示器、继电器、蜂鸣器、步进电机和超声波知识点。每个学习情境分为几个学习任务，学习任务之间互有关联，都是为了实现学习情境中的最终产品而服务。每个学习任务中的程序层层递进，后面的程序在前面程序的基础上，稍作改动，即可实现新任务，让读者轻轻松松学习单片机。

本书可作为职业院校的单片机教材，也可以作为广大单片机爱好者及相关电子工程技术人员的参考书。

为方便教学，本书配有电子教学资料包，有需要的教师请登录华信教育资源网（www.hxedu.com.cn），免费注册后下载。

图书在版编目（CIP）数据

基于 C 语言与 Proteus 联合仿真的单片机技术 / 丘利丽，何波主编. —北京：电子工业出版社，2019.4

ISBN 978-7-121-35409-0

Ⅰ. ①基… Ⅱ. ①丘… ②何… Ⅲ. ①单片微型计算机—职业教育—教材 Ⅳ. ①TP368.1

中国版本图书馆 CIP 数据核字（2018）第 247164 号

策划编辑：白　楠
责任编辑：白　楠　　特约编辑：王　纲
印　　刷：三河市兴达印务有限公司
装　　订：三河市兴达印务有限公司
出版发行：电子工业出版社
　　　　　北京市海淀区万寿路 173 信箱　邮编　100036
开　　本：787×1 092　1/16　印张：12.75　字数：326.4 千字
版　　次：2019 年 4 月第 1 版
印　　次：2024 年 12 月第 11 次印刷
定　　价：30.50 元

凡所购买电子工业出版社图书有缺损问题，请向购买书店调换。若书店售缺，请与本社发行部联系，联系及邮购电话：（010）88254888，88258888。

质量投诉请发邮件至 zlts@phei.com.cn，盗版侵权举报请发邮件至 dbqq@phei.com.cn。

本书咨询联系方式：（010）88254592，bain@phei.com.cn。

前　　言

随着嵌入式技术的飞速发展,嵌入式系统产品正不断渗透到各行各业,如智能家居、车载电子设备等。因此,单片机技术作为嵌入式计算机控制系统的重要技术,已经越来越受到各个应用领域的重视,尤其对于直接面向企业的职业院校,掌握单片机技术已经成为机电技术应用、电气控制、数控技术、电子信息、计算机应用等专业学生的基本技能。世界技能大赛之电子技术大赛中,单片机技术竞赛内容占有半壁江山。因此,全国的高职院校越来越重视单片机技术的教学。

在中国共产党第二十次全国代表大会的报告中指出,实施科教兴国战略,强化现代化建设人才支撑。完善科技创新体系。坚持创新在我国现代化建设全局中的核心地位。加快实施创新驱动发展战略。加强基础研究,突出原创,鼓励自由探索。加快实施一批具有战略性全局性前瞻性的国家重大科技项目,增强自主创新能力。加强企业主导的产学研深度融合,强化目标导向,提高科技成果转化和产业化水平。单片机技术是一门理论与实践结合较强的技术。目前有关单片机的教材大多偏重理论,应用性方面的介绍比较少,并且章节之间没有太多的联系,不适应于现在高职教育提倡的"工学结合"的一体化教学模式。基于上述背景,编者结合自己十余年的单片机教学和指导学生参加世界技能大赛之电子技术大赛的经验,花费了两年多的时间编写本书,该书基于企业的"P(任务分析)-D(硬件及软件设计)-C(任务检查)-A(任务评估)"模式,介绍了一系列基于单片机的电子设计创新产品,如海珠桥灯饰工程、家居报警系统、广告牌系统、汽车倒车雷达系统,体现了高职"学中教、教中学"的一体化教学和自主创新特色。本书的特点包括以下几个方面。

1. 一体化教学,按企业的电子技术产品开发过程实施教学。

本书遵循企业的电子技术产品开发过程原则,让学生经历"任务分析→硬件设计→软件设计→硬件安装→整机调试→整机产品评估"工作过程,让学生从任务中来,到任务中去,提早让学生体验就业岗位,提高学生的职业认同感。

2. 选取典型、完整、难度适中的产品贯彻学习情境,结合理论和实践教学。

本书创设了五个学习情境,分别是海珠桥灯饰工程的设计与调试、数字钟的设计与调试、轻工 LED 电子显示屏的设计与调试、家居报警系统的设计与调试和超声波汽车倒车雷达的设计与调试。这五个学习情境的整体结构采用由易到难、循序渐进的方式,内容包含了单片机最小系统、传感器、按键输入、定时中断、流水灯、数码管、点阵、LCD液晶显示器、继电器、蜂鸣器、步进电机和超声波知识点。每个学习情境分为几个学习任务,学习任务之间互相关联,都是为了实现学习情境中的最终产品而服务。每个学习任务中的程序层层递进,后面的程序在前面程序的基础上,稍作改动,即可实现任务,让读者轻轻松松学单片机。每个实例演练完后,进一步提出"思考题",让读者能即学即用,所学知识更加扎实。

3. 本书配套了"单片机实训开发板"和 Proteus 仿真图,方便"虚实相结合"的教学。

编者根据多年的教学经验，自行研发了与教材对应的一套"单片机实训开发板"。该套开发板全部是 PCB 板，分为多个模块，如单片机最小系统模块、流水灯模块、点阵模块、LCD 模块等。该开发板使用简单，模块与模块之间采用跳线的形式连接，并且只要 1 条 USB 线把开发板与计算机连接，就可以实现程序下载。

编者建议：为提高学生的学习兴趣，有条件的学校可以为每位上课的学生配一套"单片机实训开发板"。这样学生可以利用开发板在实验室、图书馆、宿舍等地方随时随地学习单片机技术。若读者需要本书配套的开发板，可以与编者联系，邮箱为"38729128@qq.com"。

4．本书基于 C 语言与 Proteus 联合仿真，采用多文件、多任务的编程思路与方法。

C 语言具有易阅读、易移植的特点，现已成为嵌入式产品开发的主流语言。本书结合学习情境，采用 C 语言与 Proteus 联合仿真，在任务中理解和掌握 C 语言的理论知识，并且应用到实际任务中，达到举一反三的目的。在实际工作中，项目是一个大的工程，需要按功能进行分解。一般一个功能对应一个任务，一个任务对应一个程序文件，所以编者在本书中引入多文件、多任务的编程思路和方法。例如，学习情境五就是一个较大的工程，包含多个任务。通过该学习情境的学习，读者可以掌握多任务、多实时调度、多文件程序结构的综合系统调试方法。

广州市轻工高级技工学校的丘利丽、何波对本书的编写思路与大纲进行了总体策划，指导了全书的编写。丘利丽编写了学习情境一和学习情境二，何波编写了学习情境四和学习情境五，广州市轻工高级技工学校的陆志强参与编写了学习情境二，广州市轻工高级技工学校的李旭伟编写了学习情境三。广州市轻工高级技工学校的陈琨韶担任了本书主审，并提供了宝贵的编写建议。在此，一一表示衷心的感谢！

由于时间仓促和编者水平有限，书中难免有错误和不妥之处，恳请读者对本书提出批评与建议。

编　者

目　　录

情境 1 海珠桥灯饰工程的设计与调试

情境介绍

　　随着人们生活环境的不断改善和美化，在许多场合可以看到彩色霓虹灯不断变化。闪烁的 LED，以造价低廉、控制简单等特点得到了广泛的应用，用彩灯来装饰街道和城市建筑物已经成为一种时尚。

　　海珠桥是广州历史悠久的广府文化传承代表。因此，本情境以单片机控制技术为基础，由学生自主完成海珠桥的硬件和软件设计与调试，设计丰富多彩的海珠桥灯饰效果，使其摇身变为珠江之上的巨型灯屏。

学习任务一：8 位流水灯的设计与调试

任务描述

　　在 Proteus 仿真软件和单片机开发板上实现 8 位流水灯顺序点亮效果，并能控制它们的点亮速度。

 任务目标

（1）能正确分析单片机最小系统的电路结构及各部分的功能。

（2）学会根据任务要求，自主设计 8 位流水灯的硬件电路。

（3）正确理解 Keil C 语言的基本结构、数据类型、常数、变量、运算符、循环指令及选择指令的知识点。

（4）熟练使用 Proteus 和 Keil μVision3 软件，完成程序的设计与调试。

（5）能正确使用 STC-ISP-V488 程序下载软件，完成程序的下载，并观察开发板上 8 位流水灯的工作过程。

建议课时：18 课时

 任务分析

单片机 P2 口连接 8 个发光二极管，利用各引脚输出电位的变化，控制发光二极管的亮灭：输出电位为高电平，发光二极管灭；输出电位为低电平，发光二极管亮。为了清楚地分辨发光二极管的点亮和熄灭，编写延时程序，在 P2 口输出信号由一种状态向另一种状态变化时，实现一定时间的间隔。

任务实施

一、硬件电路设计

1. 硬件设计思路

设计思路：利用 STC 单片机芯片，外加振荡电路、复位电路、控制电路、电源，组成一个单片机最小系统。在最小系统的基础上，利用 P2 口的 8 个引脚控制 8 个发光二极管。由于发光二极管具有普通二极管的共性——单向导电性，因此只要在其两极间加上合适的正向电压，发光二极管即可点亮；将电压撤除或加反向电压，发光二极管即熄灭。根据发光二极管的特性，结合单片机 P2 口的输出信号，即可实现流水灯的控制效果。

2. 电路硬件设计

选用 51 单片机芯片，该芯片共有 40 个引脚，如图 1-1-1 所示。

（1）主电源电路

VCC（40 脚）：接+5V 电源，又称电源引脚。

GND（20 脚）：接地。

（2）时钟电路

单片机时钟信号的提供有两种方式：内部方式和外部方式。

内部方式是指使用内部振荡器，在 XTAL1（19 脚）和 XTAL2（18 脚）之间外接石英晶体和陶瓷电容 C_1 和 C_2［图 1-1-2（a）］，它们和单片机的内部电路构成一个完整的振荡器，振荡频率和石英晶体的振荡频率相同。电容器 C_1 和 C_2 容量为 30pF，石英晶体的振荡频率为 12MHz。

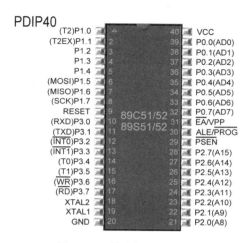

图 1-1-1　单片机芯片引脚

当使用外部信号源为单片机提供时钟信号时，XTAL1 为空引脚，XTAL2 外接时钟信号，如图 1-1-2（b）所示。

（a）内部振荡电路产生脉冲　　　　　　　　　　　　（b）使用外部信号源产生脉冲

图 1-1-2　单片机时钟电路

本任务使用内部振荡器，因此在 XTAL1 和 XTAL2 之间外接 12MHz 的石英晶体和 30pF 的陶瓷电容 C_1 和 C_2 即可。

（3）复位电路

复位是单片机的初始化操作，使 CPU 及其他功能部件都处于一个确定的初始状态，并从这个状态开始工作。除系统正常上电（开机）外，在单片机工作过程中，如果程序运行出错或操作错误使系统处于死机状态，也必须进行复位，使系统重新启动。

复位引脚是第 9 脚，此引脚连接高电平超过两个机器周期，即可产生复位的动作。以 12MHz 的时钟脉冲为例，每个时钟脉冲为 $1/12\mu s$，两个机器周期为 $2\mu s$，因此，在该引脚上产生一个 $2\mu s$ 以上的高电平脉冲，即可产生复位的动作。

复位有上电复位和按键复位两种，如图 1-1-3 所示。上电复位［图 1-1-3（a）］利用复位电路电容充放电来实现；而按键复位［图 1-1-3（b）］通过使 RST 端经电阻器 R 与+5V 电源接通而实现，它兼有自动复位的功能。

电路中 R 和 C 组成一个典型的充放电电路，充放电时间 $T=1/RC$。根据理论计算结果可知，选择时钟频率为 12MHz，一个机器周期是 $1\mu s$。只要 $T>2\mu s$，就可以复位。本任务开发板选用 $R=10k\Omega$，$C=10\mu F$。

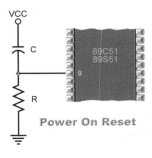

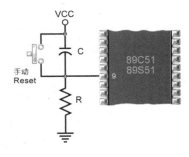

（a）上电复位　　　　　　　　　　　　　　（b）按键复位

图 1-1-3　单片机复位电路

（4）存储器设置电路

31 脚 EA 为复用引脚。当 EA 为低电平时，系统使用外部存储器。当 EA 为高电平时，系统使用内部存储器。对于初学者而言，所写的程序比较简单，大多使用内部存储器，所以就把 31 脚直接接到 VCC。

30 脚 ALE 是地址锁存信号，其功能是在存取外部存储器时，将原本在 P0 的地址信号锁存到外部存储器 IC，让 P0 口空出来，以传输数据。简单讲，当外接存储器电路时，让 ALE=1，P0 被用作地址总线；让 ALE=0，P0 被用作数据总线。

29 脚 PSEN 是程序存储器使能端，其功能是读取外部存储器。通常此引脚连接到外部存储器的 OE 引脚。

相对于前面的引脚，29、30 脚比较难以理解。但是只要不用外部存储器，就可以当它们不存在，悬空处理即可。

（5）流水灯控制电路

发光二极管的连接方法：若将它们的阴极连接在一起，阳极信号受控制，即构成共阴极接法，如图 1-1-4（a）所示；若将它们的阳极连接在一起，阴极信号受控制，则构成共阳极接法，如图 1-1-4（b）所示。由于 P2 口引脚输出高电位时电压大约是 5V，为保证发光二极管可靠工作，必须在发光二极管和单片机输出引脚间连接一只限流电阻。

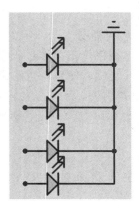

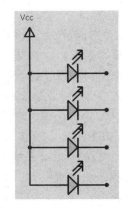

（a）共阴极发光二极管的接法　　　　　　　　（b）共阳极发光二极管的接法

图 1-1-4　发光二极管的接法

本任务选用硅型普通发光二极管，限流电阻取 220Ω。

3．硬件电路原理图

单片机的 P0、P1 和 P2 端口都是双向的 I/O 端口，P3 端口既可作为普通的 I/O 端口，又可用于第二功能操作中。在该任务中，选择 P2 端口作为流水灯的控制端口，实现数据的输入输出。综上分析，得到图 1-1-5 所示的 8 位流水灯的电路原理图。

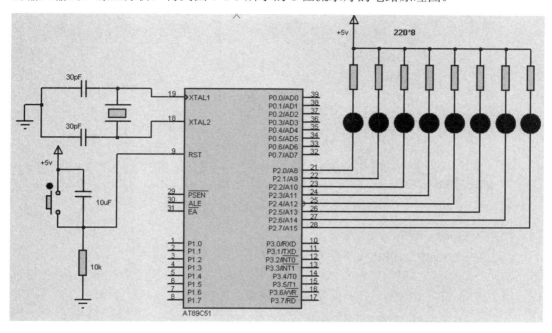

图 1-1-5　8 位流水灯的电路原理图

根据电路原理图，确定本任务所需要的元器件清单，见表 1-1-1。

表 1-1-1　海珠桥灯饰元器件清单

序　号	名　称	型　号	数量（个）
1	单片机	AT89C51	1
2	发光二极管：LED	—	8
3	电阻：RES	220Ω	8
		10kΩ	1
4	电容：CAP	10μF	1
		30pF	2
5	晶体振荡器：CRYSTAL	12MHz	1
6	按钮：BUTTON	不带自锁	1

4．在 Proteus 仿真软件上绘制流水灯电路原理图

（1）打开软件

选择"程序"→"Proteus 7 Professional"→"ISIS 7 Professional"命令，启动 Proteus 仿真软件，出现 ISIS Professional 图像编辑窗口，如图 1-1-6 所示。

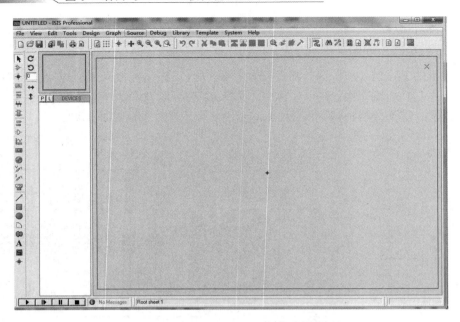

图 1-1-6　ISIS Professional 图像编辑窗口

（2）从 Proteus 库中选取元器件

以电阻 RES 为例，讲述元器件的选择方法。

在元件选择器工具栏（Mode Selector Toolbar）中单击选择元器件按钮，单击元器件列表上方的"P"按钮，打开元器件选择窗口，如图 1-1-7 所示。

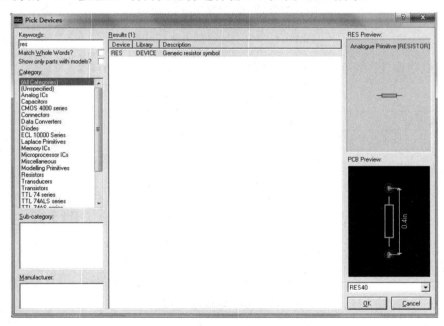

图 1-1-7　元器件选择窗口

在元器件选择窗口左上角的关键字栏中输入关键字，例如需要电阻就输入"res"，从元件库中选取元器件。以此类推，可以选取单片机、电容、发光二极管、按钮、晶振等元器件。

（3）放置元器件

在对象选择器中单击要放置的元器件（蓝色高亮条表示目前选取的元器件），然后在编辑窗口中合适的位置单击就放置了一个元器件。依次把各元器件放入编辑区中的适当位置。

若要改变元器件的放置方向，可以右击选中元器件后再单击按钮 C 或 つ。若要镜像，可以先右击选中元器件，再单击按钮 ↔ 或 ↕。若要多个元器件一起转向，可先按住左键拖出方框选中多个元器件，再单击相应的操作按钮。

（4）放置电源和地

单击元件选择器工具栏中的端子按钮 ≣，在对象选择器中选取电源（POWER）、地（GROUND），分别放置于编辑窗口的合适位置上。

（5）连线

分别单击要连线（元器件引脚、终端、线）的起点和终点，在这两点间会自动生成一条线。若终点在空白处，双击即可结束画线。

（6）元器件属性设置

先左键双击各元器件，在弹出的属性编辑对话框（Edit Component）中，按电路原理图中各元器件的值设置相应的属性。

（7）绘制原理图并保存设计

原理图绘制完毕后，单击"File"→"Save as"保存到指定的文件夹，如图 1-1-8 所示。

图 1-1-8　保存"八位流水灯电路原理图"

二、软件程序设计与调试

1. 软件设计思路

利用单片机的 P2 口来控制 8 个 LED，让这 8 个 LED 依次点亮，其设计步骤如下。

当 P2 口的引脚输出低电平（0）时，其所连接的 LED 呈现正向偏压而发亮；当引脚输出高电平（1）时，其所连接的 LED 呈现反向截止而熄灭。因此，我们的程序设计就要让 P2.0 口接的灯亮，输出为 11111110，以十六进制表示为 "FE"；延时一段时间后，P2.1 口接的灯亮，输出为 11111101，以十六进制表示为 "FD"。以此类推，周而复始。

2. 绘制程序流程图

有了设计思路后，可以将思路转换成流程图，如图 1-1-9 所示。

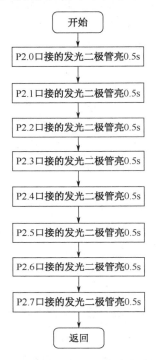

图 1-1-9　8 位流水灯循环点亮程序流程图

3. 编写程序

8 位流水灯循环点亮的程序如下：

```
//================================声明区============================
#include <reg51.h>          //定义8051寄存器的头文件
#define led P2
void delay(int);            //声明延迟函数
//================================主程序============================
main( )                     //主函数开始
{ led=0xff;                 //流水灯初始状态，全熄灭
while(1)                    //无限循环
{led=0xfe;                  //P2.0口的灯亮
delay(500);                 //延时0.5s
led=0xfd;                   //P2.1口的灯亮
delay(500);                 //延时0.5s
led=0xfb;                   //P2.2口的灯亮
```

```
delay(500);                 //延时0.5s
led=0xf7;                   //P2.3口的灯亮
delay(500);                 //延时0.5s
led=0xef;                   //P2.4口的灯亮
delay(500);                 //延时0.5s
led=0xdf;                   //P2.5口的灯亮
delay(500);                 //延时0.5s
led=0xbf;                   //P2.6口的灯亮
delay(500);                 //延时0.5s
led=0x7f;                   //P2.7口的灯亮
delay(500);                 //延时0.5s
}                           //while循环结束
}                           //主程序结束
//=============================延迟函数===========================
void delay(int x)           //延迟函数开始，x=延迟次数
{int i, j;                  //声明整数变量i，j
for (i=0;i<x;i++)           //计数x次，延迟x×1ms
for (j=0;j<120;j++);        //计数120次，延迟1ms
}                           //延迟函数结束
```

4. 在 Keil μVision3 集成开发环境中新建工程和文件，编写流水灯程序

（1）在"开始"菜单中，选择"程序"→"Keil μVision3"选项，即可进入集成开发环境，如图 1-1-10 所示。

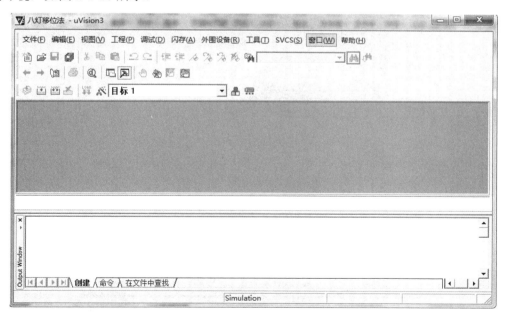

图 1-1-10　Keil μVision3 集成开发环境

（2）打开一个项目，启动"工程"菜单下的新建工程命令，出现如图 1-1-11 所示的对话框。

图 1-1-11　保存项目

（3）在"文件名"栏中填写要新增的项目名称，再单击"保存"按钮，出现如图 1-1-12 所示的对话框。

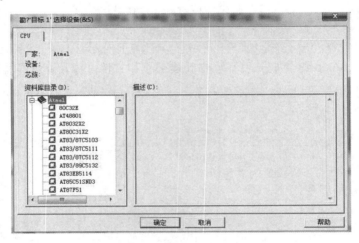

图 1-1-12　选择器件

（4）选择所要使用的 CPU 芯片，如 Atmel 公司的 AT89C51，再单击"确定"按钮，关闭对话框，出现如图 1-1-13 所示的对话框。

图 1-1-13　添加启动代码

（5）这时系统询问我们要不要将汇编语言的启动代码放入所编辑的项目文件，在此单击"否"按钮关闭此对话框，则在左边产生"目标 1"项目，如图 1-1-14 所示。

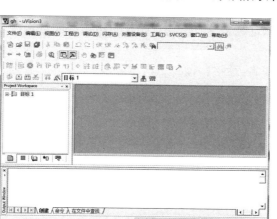

图 1-1-14　新建项目界面

（6）单击"工程"→"为目标 1 设置选项"，出现如图 1-1-15 所示的对话框。

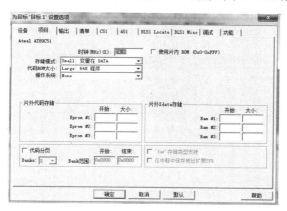

图 1-1-15　选择晶振频率

（7）在此对话框中设置此芯片的工作频率为 12MHz，然后单击"输出"选项卡，如图 1-1-16 所示。

图 1-1-16　选择产生十六进制文件

（8）选择产生十六进制文件，单击"确定"按钮关闭对话框。

（9）单击"文件"→"新建文件"，编辑区将打开一个全新的编辑窗口，然后在对话框中输入要保存的文件名，后缀名为".c"，再单击"保存"按钮，如图 1-1-17 所示。

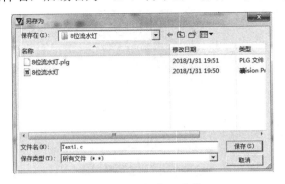

图 1-1-17　保存 C 文件

（10）选择"目标 1"下面的"源代码组 1"项，单击鼠标右键，弹出快捷菜单，选择"添加文件到组'源代码组 1'"，如图 1-1-18 所示。

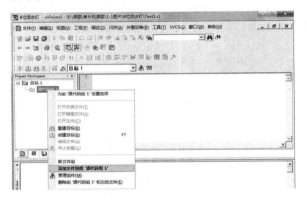

图 1-1-18　添加源代码步骤 1

（11）单击刚才编辑的"Text1.c"文件，再单击"Add"按钮，最后单击"Close"按钮，如图 1-1-19 所示，即可把 Text1.c 文件加入源代码组。

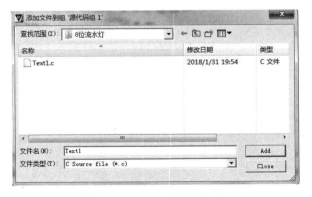

图 1-1-19　添加源代码步骤 2

（12）在编辑窗口输入源代码，接着单击菜单"工程"→"创建目标"，即可进行编译与连接，并将过程记录在下方的输出窗口，如图 1-1-20 所示。"0 个错误，0 个警告"表示没有错误。

图 1-1-20　编译与连接

5．调试程序

（1）选择菜单栏中的"调试"→"启动/停止调试"命令，进入程序调试状态。选择菜单栏中的"外围设备"→"I/O-Ports"→"Port 2"命令，弹出 Parallel Port 2 小窗口，当前 P2 口的值为 0xFF，如图 1-1-21 所示。

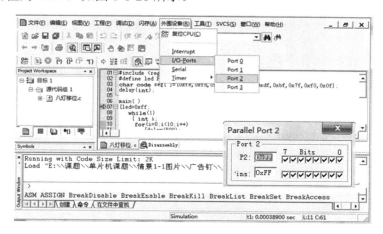

图 1-1-21　程序调试状态

（2）采用"单步调试"方式调试。

单击"调试"→"单步"，或者按快捷键 F10，光标停在程序第 7 行，P2 口的值为 0xFF，如图 1-1-22 所示。

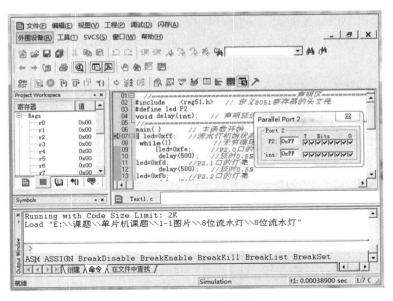

图 1-1-22　单步调试状态 1

然后再按 F10 键三次，黄色箭头走到程序的第 10 行，P2 口的值为 0xFE，如图 1-1-23 所示。依此方法可以完成其他代码的调试。

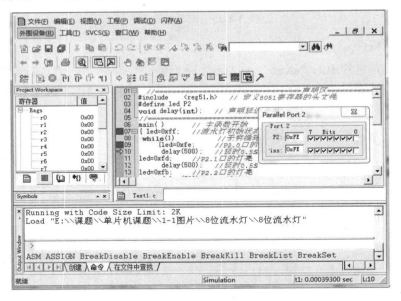

图 1-1-23　单步调试状态 2

（3）采用"断点"方式调试。

程序运行至第 7 行，但是想在第 15 行设置一个断点，可以用鼠标双击该行或者单击工具栏中的"调试"→"插入/删除断点"，再单击"调试"→"全速运行"按钮。还可以采用"运行到光标处"的方法，即把光标放在第 15 行，然后单击"调试"→"运行到光标处"按钮，如图 1-1-24 所示。运行后，黄色箭头走到程序的第 15 行，如图 1-1-25

所示。P2 口的值为 0xFB。断点调试方法可以越过某一段程序，提高调试效率。

图 1-1-24　断点调试状态 1

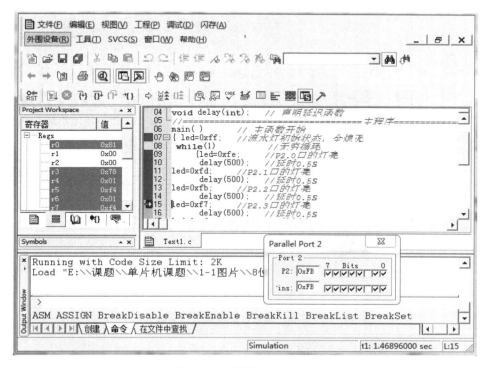

图 1-1-25　断点调试状态 2

6．在 Proteus 软件中仿真程序

（1）在 Proteus 软件中打开绘制好的"8 位流水灯电路原理图"，双击单片机，弹出如图 1-1-26 所示的对话框，单击▣，添加相应的文件，再单击"OK"按钮。

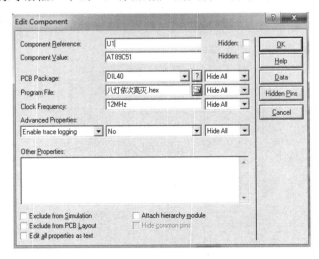

图 1-1-26　添加文件

（2）在 Proteus 软件界面上，单击仿真按钮▭▶，即可看到 8 位流水灯依次点亮的仿真效果，如图 1-1-27 所示。

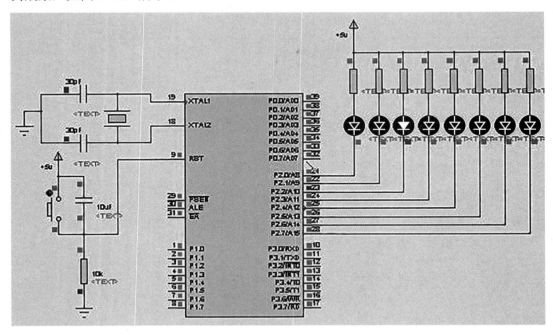

图 1-1-27　8 位流水灯依次点亮仿真效果图

7．在开发板上实现流水灯亮灭

该开发板采用 STC12C5A60S2 单片机，该单片机和 AT89C51 单片机的工作原理和

编程方法一致。但是 STC12C5A60S2 单片机的运行速度比 AT89C51 单片机快 6 倍。所以编程时，只要把延时时间加长，即可实现异曲同工的效果。下载的具体步骤如下。

（1）把单片机放入 40DIP 插座中，并卡住。然后用排线把单片机的 P2 脚与发光二极管相连。最后用 USB 线把开发板和 PC 连接在一起，按下电源开关，观察电源指示灯是否亮。若亮说明开发板与 PC 连接正常，可以工作。

（2）双击 PC 桌面上的"STC-ISP-V488"图标，启动 STC 单片机程序下载软件，如图 1-1-28 所示。在"MCU Type"框中选择 STC12C5A60S2 单片机，单击"打开程序文件"，添加相应的 HEX 文件，选择对应的 COM 口，本书实例中的计算机分配 COM3 口。

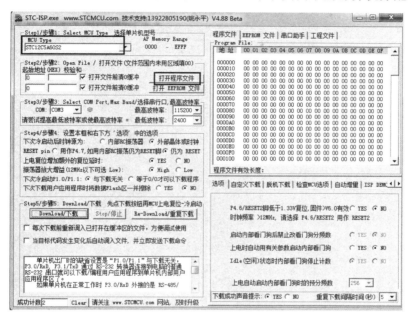

图 1-1-28　STC 程序下载软件界面

（3）关闭开发板电源，单击"Download/下载"，稍等片刻，按下电源按钮，等待下载完毕，在信息栏中可以看见程序的下载过程。

（4）下载完成后，即可看见开发板上的 8 个发光二极管依次亮灭，实现了该任务的要求，如图 1-1-29 所示。

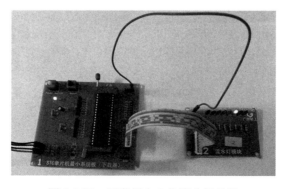

图 1-1-29　开发板上 8 位流水灯效果

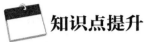 **知识点提升**

一、移位法实现 8 位流水灯的灯饰效果

上述任务的程序设计采取的方法是传送法，原理是利用二极管的单向导电性，直接给 P2 口送一个数据，从而控制发光二极管的亮灭。如果有 8 个发光二极管，就编写 8 小段程序。如果有较多的发光二极管，则该编程方法不够科学。因此，编者设计了另一种方法：移位法。程序如下：

```
//==声明区==============================================
#include <reg51.h>          //定义8051寄存器的头文件，P2-17～19
#define  LED P2             //定义LED接至P2
delay(int);                 //声明延迟函数
//=========================主程序=======================
main()                      //主程序开始
{int i;                     //声明整型数据i
LED=0xfe;                   //初值=11111110，只有最右1灯亮
while(1)                    //无限循环，程序一直运行
{for(i=0;i<7;i++)           //左移7次
{ delay(500);              //延迟0.5s
LED=(LED<<1)|0x01;          //左移1位，并设定最低位元为1
}                           //左移结束，只有最左1灯亮
for(i=0;i<7;i++)           //右移7次
{delay(500);               //延迟0.5s
LED=(LED>>1)|0x80;          //右移1位，并设定最高位元为1
}                           //结束右移，只有最右1灯亮
}                           //while循环结束
}                           //主程序结束
//=========================延时1ms子程序=================
delay(int x)                //延时函数开始
{int i, j;                  //声明整型变量i, j
for(i=0;i<x;i++)           //计数x次，延迟x×1ms
for(j=0;j<120;j++);         //计数120次，延迟1ms
}
```

从程序设计上可以看出，本实例采取循环移位法，首先左移 7 次，再右移 7 次，如此不断循环。左移采用"LED<<1"指令，右移采用"LED>>1"指令。对于计数循环方式，采用 for 语句即可达到目的。

LED 的初始值为 11111110，左移时，右边将移入 0，变成 11111100，所以，必须将最右边的位变为 1。我们在左移后再利用 OR 运算，即"LED=（LED<<1）|0x01"指令，可将 11111100 变成 11111101。在进行右移时，可应用"LED=（LED>>1）|0x80"。

二、查表法实现 8 位流水灯的灯饰效果

除了传送法、移位法，编者还设计了查表法供读者参考，程序如下：

```
-----------------------------------------------------------------------
    #include <reg51.h>              //定义寄存器头文件
    #define led P2                  //定义led接P2口
    char code seg[ ]={0xfe, 0xfd, 0xfb, 0xf7, 0xef, 0xdf, 0xbf, 0x7f};//流
水灯循环亮灭的数据码
    delay(int);                     //声明延时函数
    //========================主程序========================
    main( )                         //主函数开始
    { while(1)                      //无限循环
    { int i;                        //声明整型变量i
    for(i=0;i<8;i++)                //循环8次
    {delay(500);                    //延时0.5s
    led=seg[i];                     //取表格中码送至led
    }
    }                               //无限循环结束
    }                               //主函数结束
    //======================延时1ms子程序======================
    delay(int x)                    //延时函数开始
    {int i, j;                      //声明整型变量i, j
    for(i=0;i<x;i++)                //计数x次，延迟x×1ms
    for(j=0;j<120;j++);             //计数120次，延迟1ms
    }
-----------------------------------------------------------------------
```

从程序可看出，如果编写各种各样的代码，流水灯可以实现丰富多彩的流水效果，如从左到右依次亮、从右到左依次亮、从两边向中间亮、从中间向两边亮、闪烁两次等。这留给读者慢慢思考。

知识点链接

一、单片机的定义

微型计算机系统包括中央处理单元、存储器及输入/输出单元三大部分。中央处理器就像人体的大脑，控制整个系统的运行；存储器存放系统运行所需的数据及程序，包括数据存储器和程序存储器；输入/输出单元是计算机系统与外部沟通的管道。这三部分分别由不同的元件组成，然后把它们组装在电路板上，形成一个微型计算机系统。

单片机与微型计算机有相似之处，它是把中央处理器、数据存储器、程序存储器、定时/计数器以及输入/输出接口电路等主要功能部件集成在一块芯片上的微型计算机。

单片机具有结构简单、控制功能强、可靠性高、性价比高等特点，被广泛应用于工业控制、智能仪器仪表、家用电器、电子玩具等领域。

二、单片机的分类

单片机生产厂商多、型号种类多，但是都以传统的 8051 单片机作为内核。

1. Intel 公司的单片机

30 年前,Intel 公司推出了 MCS-51 系列单片机,它的基本芯片是 8031、8051 和 8751,后来又推出了低功耗单片机, 如 80C31、80C51、80C52 等,虽然型号不同,但是都是 8051 单片机的派生产品。现在这些单片机虽然停产了,但是 Intel 公司的 8051 是单片机领域的奠基石, 成为后续单片机发展良好的技术平台。

2. Atmel 公司的单片机

Atmel 公司推出的 MCS-51 单片机在市场上占有一定的比例,它提供了丰富的外围接口和内部资源,常用的型号有 AT89C51、AT89C52、AT89C51、AT89S52,同样也是 8051 的派生品。其中 AT89S 系列单片机具有系统编程 ISP 功能,无需专用的仿真器或编程器, 只要通过 ISP 下载线和软件, 就可以把程序下载到单片机中, 在嵌入式控制领域得到了广泛的应用。

3. STC 公司的单片机

STC 公司是中国本土 MCU 领航者,生产了 STC10、STC11、STC12C5A 等系列单片机,它们是高速、低功耗、超强抗干扰的新一代 8051 单片机,其指令完全兼容传统的 8051 单片机,而且速度要快 8～12 倍。采用串口下载程序,其内部资源与 Atmel 公司的单片机差不多。

三、单片机的内部结构

单片机发展至今,虽然有许多厂商各自开发了不同的兼容芯片,但其基本结构并没有多大变化, 图 1-1-30 为 8051 单片机的内部结构。

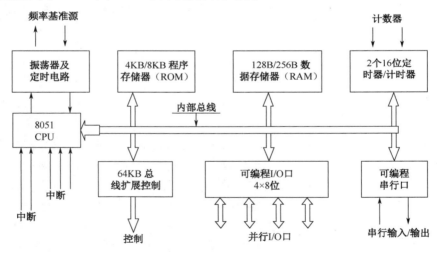

图 1-1-30　8051 单片机内部结构

1. 中央处理器（CPU）

中央处理器由运算器和控制器组成,完成数据运算和控制功能。其中,运算器包括 8 位算术逻辑单元（ALU）、8 位累加器（ACC）、8 位暂存器、寄存器和程序状态寄存器,控制器包括指令寄存器（IR）、程序计数器（PC）、指令译码器（ID）等。

2．存储器

程序存储器（ROM）：内部 4KB，外部最多可扩展至 64KB。

数据存储器（RAM）：内部 128B，外部最多可扩展至 64KB。

3．I/O 端口

4 个 8 位双向 I/O 端口，即 P0、P1、P2 和 P3。

4．全双工串行通信接口

该接口可以实现单片机与单片机之间或者单片机与计算机之间的数据通信。

5．定时器/计数器与中断

8051 单片机内部有两个 16 位定时器/计数器（T0 和 T1），可实现定时或计数的功能。还有 5 个中断源，即 INT0、INT1、T0、T1 和 RXD/TXD，可以进行中断源高、低优先级设置。

6．振荡电路

在单片机的 XTAL1 和 XTAL2 两端外接石英晶体即可产生一定频率的时钟信号。

四、单片机的存储器结构

存储器主要包括片内数据存储器、片外数据存储器、片内程序存储器和片外程序存储器。其中，程序存储器和数据存储器是独立编址的。不同单片机的片内存储器大小不尽相同，但它们的结构较为相似，单片机存储器结构如图 1-1-31 所示。

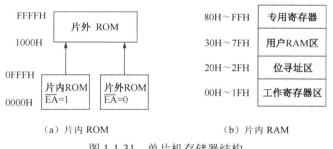

（a）片内 ROM　　　　　（b）片内 RAM

图 1-1-31 单片机存储器结构

1．程序存储器

单片机程序存储器用于存放编译器编译出的二进制程序代码和程序执行过程中不会改变的原始数据，8051 内核单片机的片内 ROM 大小不相同，如 AT89C51 片内有 4KB 的 ROM，AT89S52 片内有 8KB 的 ROM，ST12C5A6052 片内有 60KB 的 ROM。由于当前单片机的内部 ROM 容量很大，一般不需要外扩 ROM。

AT89C51 片内外的 ROM 是统一编址的，如图 1-1-31（a）所示。若单片机 EA 引脚为高电平，则执行片内 ROM 中的程序（地址范围 0000H～0FFFH，即 4KB 地址）；如果片外加有 ROM（地址范围 1000H～FFFFH），则 CPU 执行完内部的 ROM 指令，就会自动执行片外的 ROM 指令。若 EA 引脚为低电平，则只能从片外 ROM 开始执行。

程序存储器中有 6 个特殊的地址，见表 1-1-2。相邻中断源入口地址的间隔为 8 个单元。在汇编语言中，当程序中断时，一般在这些入口地址处编写一条跳转指令，而相应的中断服务程序编写在转移地址中；如果没有用到相应的中断功能，这些特殊地址单元也可作为一般程序存储器用于存放程序代码。在 C 语言中，Cx51 编译器会自动跳转到相应的中断入口地址，用户只要写好中断服务程序，其他事情由编译器完成。

表 1-1-2　程序存储器中的特殊地址

入口地址	用途说明
0000H	系统复位，PC=0000H，表示单片机从 0000H 单元开始执行程序
0003H	外部中断 0 中断时，PC=0003H，进入外部中断 0 中断服务程序
000BH	定时器/计数器 0 中断时，PC=000BH，进入定时器/计数器 0 中断服务程序
0013H	外部中断 1 中断时，PC=0013H，进入外部中断 1 中断服务程序
001BH	定时器/计数器 1 中断时，PC=001BH，进入定时器/计数器 1 中断服务程序
0023H	串口中断时，PC=0023H，进入串口中断服务程序

2. 数据存储器

AT89C51 单片机片内数据存储器共有 256 字节（单元），分成两个部分：低 128 字节（地址 00H～7FH）和高 128 字节（地址 80H～FFH）。在这一区间的数据存储器又可分为 4 个部分，如图 1-1-31（b）所示。

（1）工作寄存器区

一般 8951 内核单片机有 4 个工作寄存器区，占据内部 RAM 的 00H～1FH，共计 32 个存储单元，可存放 32 字节的数据。具体配置见表 1-1-3。

表 1-1-3　寄存器组的选择

RS1	RS0	寄存器组	地址
0	0	第 0 组	00H～07H
0	1	第 1 组	08H～0FH
1	0	第 2 组	10H～17H
1	1	第 3 组	18H～1FH

一般通过程序状态寄存器（PSW）中 RS1 和 RS0 位的组合状态来决定当前工作寄存器为 4 组中的哪一组。在 C 语言编程过程中，一般不会直接使用工作寄存器组，但是在汇编语言和 C 语言混合编程时，工作寄存器组是汇编子程序和 C 语言函数之间重要的数据传递工具。

（2）位寻址区

片内 RAM 的 20H～2FH 单元为位寻址区，共 16 个单元、128 位，位寻址区既可进行字节操作，又可以对单元中的每一位进行位操作。

（3）用户 RAM 区

片内 RAM 的 30H～7FH 单元为用户 RAM 区，共 80 个单元，编程者可以用它来存放数据，一般应用中常把堆栈开辟在此区中。

（4）专用寄存器区

片内 RAM 的高 128 字节地址 80H～FFH 为专用寄存器区，存放的是特殊功能寄存器的地址。以汇编语言编写程序时，必须熟练掌握这些寄存器。若以 C 语言编写程序，它们就不是那么重要了。在程序的声明区放置 Keil C 所提供的"reg51.h"头文件，只要把它包含到程序里即可，而不必记忆这些位置。本书采用 C 语言编程，故不一一介绍特殊功能寄存器。

五、Keil C 语言的基本结构

一般来说，C 语言的程序可看成由一些函数所构成，其中的主程序是以"main"开始的函数，而每个函数可视为独立的个体，就像个模块一样，所以 C 语言是一种模块化的程序语言。C 程序的基本结构如图 1-1-32 所示，其中各项说明如下。

1．指定头文件

头文件是一种预先定义好的基本数据。C51 程序里，头文件是定义 51 单片机内部寄存器地址的数据。指定头文件的方式有两种。

第一种方式：#include〈头文件文件名〉。若采用这种方式，编译程序将从 Keil μVision3 的头文件夹中查找所指定的头文件。

第二种方式：#include "包含头文件文件名"。若采用这种方式，编译程序将从源程序所在文件夹中查找所指定的头文件。

2．声明区

在指定头文件之后，可声明程序之中所使用的常数、变量、函数等，其作用域将扩展至整个程序，包括主程序与所有函数。在此建议，若程序中用到函数，则可在此先声明所有用到的函数。这样，函数放置的先后顺序将不会受到影响。换言之，函数放置在引用该函数的程序之前或之后都可以。若没有在此声明函数，则在使用函数之前必须先定义该函数。

3．主程序

主程序（主函数）以 main()开头，整个内容放置在一对大括号，即{ }里，分为声明区与程序区。在声明区里所声明的常数、变量等仅适用于主程序，而不影响其他函数。若在主程序之中使用了某变量，但在之前的声明区中没有声明，也可在主程序的声明区中声明。另外，程序区就是以语句所构成的程序内容。

4．函数定义

函数是一种具有独立功能的程序，其结构与主程序类似。可将所要处理的数据传入函数中，称为形式参数；也可将函数处理完成后的结果返回给调用它的程序，称为返回值。不管是形式参数还是返回值，在定义函数的第一行都应该交代清楚。其格式如下：

```
返回值数据类型　函数名称（数据类型　形式参数）
```

例如，要将一个无符号字符（unsigned char）实参传递给函数，函数执行完成时要返回一个整型（int）数据，此函数的名称为 My_func，则函数定义为

```
int My_func (unsigned char x)
```

若不要传入函数，则可在小括号内指定为 void。同样，若不要返回值，则可在函数名称左边指定为 void 或不指定。另外，函数的起始符号、结束符号、声明区及程序区都与主程序一样。在一个 C 语言的程序里可使用多个函数，并且函数中也可以调用函数。

5．注释

注释就是说明，属于编译器不处理的部分。C语言的注释以"/*"开始，以"*/"结束，放置注释的位置可接续于语句完成之后，也可独立于一行。其中的文字，可使用中文。另外，也可以输入"//"，其右边整行都是注释。

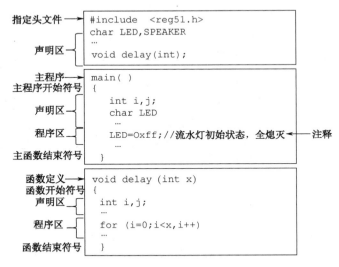

图1-1-32　C语言的基本结构

六、数据类型

数据是计算机处理的对象，任何程序设计都要进行数据处理。C语言中包括字符（char）、整型（int）、浮点数（float）、空类型（void）、位类型（bit）、可寻址位（sbit）和特殊功能寄存器（sfr）几大类数据，具体见表1-1-4。

表1-1-4　C语言的数据类型

名　　称	数 据 类 型	长　　度	范　　围
char	有符号字符	8	−128～+127
unsigned　char	无符号字符	8	0～255
int	有符号整型	16	−32768～32767
unsigned int	无符号整型	16	0～65535
short	短整型	16	−32768～32767
unsigned short	无符号短整型	16	0～65535
long	长整型	32	−2147483648～2147483647
unsigned long	无符号长整型	32	0～4294967295
float	单精度浮点数	32	−
double	双精度浮点数	64	−
void	空	0	无
bit	位类型	1	0 或 1
sbit	可寻址位	1	0 或 1
sfr	特殊功能寄存器	1	0～255

七、常量

在程序运行的过程中，其值不能改变的量，称为常量。其数据类型分为整型、浮点型、字符型、位类型和字符串型。常量的特点如下。

（1）整型常量可以表示为十进制数、十六进制数或八进制数等，如十进制数 10、-40 等。十六进制数以 0x 开头，如 0x13、0xAB 等；八进制数以字母 o 开头，如 o13、o27 等。

（2）浮点型常量可以分为十进制和指数两种表示形式，如 0.456、5895.568、234e4 等。

（3）字符型常量是用单引号括起来的单一字符，如'A'、'5'。

（4）字符串型常量是用双引号括起来的一串字符，如"51"、"hello"等。

（5）位类型的值是一个二进制数，即 0 或 1。

根据上述常量特点可知，常量可以是数值常量，也可以是符号常量。数值常量可以在程序中直接引用，如 a=15、a=2.65、a='c'等；但是符号常量不能直接使用，在使用之前必须用编译预处理命令"#define"先进行定义，例如：

```
#define PI 3.14
```

在此语句之后的程序中，PI 字符常量的值都为 3.14，这样便于程序修改。一般把程序中多处出现的同一常量用字符常量来代替，若要修改常量的值，可在预定义的时候修改。

八、变量

在程序运行中，其值可以改变的量称为变量。一个变量主要由两部分构成，一部分是变量名，另一部分是变量值。每个变量都在内存中占据一定的存储单元（地址），并在该内存单元中存放该变量的值。

1. 变量的定义

变量必须先定义后使用，用标识符作为变量名，并指出所用的数据类型和存储模式，这样编译系统才能为变量分配相应的存储空间。变量的定义格式如下：

```
［存储种类］ 数据类型 "存储类型" 变量名表；
```

其中，数据类型和变量名表是必需的；存储种类和存储类型是可选项，一般忽略。例如：

```
int A, b;              //定义a为整型变量
float x, y, z          //定义x、y、z为单精度实型变量
char seg               //定义seg为字符变量
long int t             //定义t为长整型变量
```

进行变量定义时，应注意以下几点。

（1）允许在一个数据类型标识符后，声明多个相同类型的变量，各变量名之间用逗号隔开。

（2）数据类型标识符与变量名之间至少用一个空格隔开。

（3）最后一个变量名必须以"；"结尾。

（4）变量声明必须放在变量使用之前，一般放在函数体的开头部分。

（5）在同一个程序中变量不允许重复定义。

例如：

```
int x, y, z;
int a, b, x;                //变量x被重复定义
```

2. 变量的初始化

在定义变量的同时可以给变量赋初值，称为变量的初始化。变量初始化的一般格式为：

数据类型标识符 变量名1=常量1，变量名2=常量2，…，变量名n=常量n；

例如：

```
int m=3, n=5                //定义m和n为整型变量，同时分别赋初值3和5
float x=0, y=0, z=0;        //定义x、y、z为单精度实型变量，同时都赋初值0
char ch='a';               //定义ch为字符型变量，同时赋初值字符'a'
```

3. 变量存储类型

单片机的存储器可以分为程序存储器（ROM）和数据存储器（RAM），它们又可以分为片内 ROM、片外 ROM、片内 RAM 和片外 RAM 四种物理存储空间。C51 编译器支持这四种物理存储空间，见表 1-1-5。

表 1-1-5　存储器形式

存 储 类 型	描　　述	适 用 范 围
code	程序存储器	0x0000～0xffff(64KB)
data	直接寻址的内部数据存储器	0x00～0x7f(128B)
idata	间接寻址的内部数据存储器	0x80～0xff(128B)
bdata	位寻址的内部数据存储器	0x20～0x2f(16B)
xdata	以 DATA 寻址的外部数据存储器	64KB 之内
pdata	以 R0、R1 寻址的外部数据存储器	256B 之内

C51 内部的 4KB 程序存储器可扩展至 64KB，程序存储器可以存放程序代码，也可以存放固定的数据，如七段数码显示器的显示码、LED 点阵的显示码、LCM 的显示字符串，以下就是七段数码显示器的显示码。

```
char code seg[ ]={0xc0, 0xf9, 0xa4, 0xb0, 0x99, 0x92, 0x82, 0xf8, 0x80,
0x98};
```

4. 变量的作用范围

变量的作用范围或有效范围与该变量在哪里声明有关，大致可分为两种，说明如下。

（1）全局变量

在程序开头的声明区或没有大括号限制的声明区所声明的变量，其作用范围为整个程序，称为全局变量，如图 1-1-33 所示。其中的 LED、SPEAKER 就是全局变量。

（2）局部变量

在大括号内的声明区所声明的变量，其作用范围将受限于大括号，称为局部变量，图 1-1-34 中的 i、j 就是局部变量。若在主程序与各函数之中都声明了相同名称的变量，则脱离主程序或函数时，该变量将自动无效，又称自动变量。

如图 1-1-34 所示，在主程序与 delay 子程序中各自声明了 i、j 变量，但主程序中的 i、j 与 delay 子程序中的 i、j 是各自独立的。

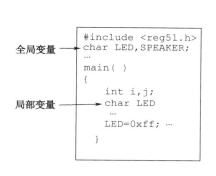

图 1-1-33　全局变量与局部变量　　　　　　　图 1-1-34　局部变量

九、Keil C 的运算符

运算符就是程序语句中的操作符号，Keil C 的运算符可分为以下几种。

1. 算术运算符

算术运算符是执行算术运算功能的操作符号，有加、减、乘、除、取余数、自增和自减运算符（表 1-1-6）。

表 1-1-6　算术运算符

符　号	功　能	范　例	说　明
+	加	A=x+y	将 x 与 y 变量的值相加，其和放入 A 变量
−	减	B=x-y	将 x 变量的值减去 y 变量的值，其差放入 B 变量
*	乘	C=x*y	将 x 与 y 变量的值相乘，其积放入 C 变量
/	除	D=x/y	将 x 变量的值除以 y 变量的值，其商放入 D 变量
%	取余数	E=x%y	将 x 变量的值除以 y 变量的值，其余数放入 E 变量
++	加 1	x++	执行运算后将 x 变量的值加 1
--	减 1	y--	执行运算后将 y 变量的值减 1

程序范例：

```
main ( )
{ int A, B, C, D, E, x, y;
x=7; y=2;
A=x+y; B=x-y; C=x*y; D=x/y; E=x%y;
```

```
    x++;  y--;
    }
```

程序结果：A=0x09、B=0x05、C=0x0E、D=0x03、E=0x01、x=0x08、y=0x01。

2．关系运算符

关系运算符用于处理两变量间的大小关系，见表1-1-7。

表1-1-7 关系运算符

符号	功能	范例	说明
==	相等	x==y	将x与y变量的值进行比较，相等则结果为1，否则为0
!＝	不相等	x!=y	将x与y变量的值进行比较，不相等则结果为1，否则为0
>	大于	x>y	若x变量的值大于y变量的值，其结果为1，否则为0
<	小于	x<y	若x变量的值小于y变量的值，其结果为1，否则为0
>=	大于等于	x>=y	若x变量的值大于或等于y变量的值，其结果为1，否则为0
<=	小于等于	x<=y	若x变量的值小于或等于y变量的值，其结果为1，否则为0

程序范例：

```
main ( )
{ char A, B, C, D, E, F, x, y;
x=7; y=2;
A= (x==y) ;  B= (x!=y) ;  C=(x>y) ;   D=(x<y) :
E=(x>=y) ;    F=(x<=y) ;
    }
```

程序结果：A=0x00、B=0x01、C=0x01、D=0x00、E=0x01、F=0x00。

3．逻辑运算符

逻辑运算符就是执行逻辑运算功能的操作符号，逻辑运算包括与、或和反相运算，其结果为1或0，见表1-1-8。

表1-1-8 逻辑运算符

符号	功能	范例	说明
&&	与运算	(x>y) && (y>z)	若x变量的值大于y变量的值，且y变量的值也大于z变量的值，其结果为1，否则为0
||	或运算	(x>y) || (y>z)	若x变量的值大于y变量的值，或y变量的值大于z变量的值，其结果为1，否则为0
!	反相运算	! x>y	若x变量的值大于y变量的值，其结果为1，否则为0

程序范例：

```
    main ( )
    { char A, B, C, D, E, F, x, y;
    x=7; y=2; z=5;
```

```
A=（x>y）&&（y<z）；　B=（x==y）||（y<=z）；　C=!（x>z）；
}
```

程序结果：A=0x01、B=0x01、C=0x00。

4．布尔运算符

布尔运算符与逻辑运算符非常相似，两者最大的差异在于布尔运算符针对变量中的每一位，逻辑运算符则对整个变量进行操作。布尔运算符见表 1-1-9。

表 1-1-9　布尔运算符

符　号	功　能	范　例	说　明
&	与运算	x&y	将 x 与 y 变量的每一位进行与运算
|	或运算	x|y	将 x 与 y 变量的每一位进行或运算
^	异或运算	x^y	将 x 与 y 变量的每一位进行异或运算
～	取反运算	～x	将 x 变量的每一位进行取反运算
《	左移	x《n	将 x 变量的值左移 n 位
》	右移	x》n	将 x 变量的值右移 n 位

程序范例：

```
main（）
{　char A, B, C, D, E, F, x, y;
A=x&y;　B=x|y;　C=x^y;　D=～x;　E=x《3;　F=x》4;
}
```

程序结果：A=0x21、B=0x77、C=0x56、D=0xdA、E=0x28、F=0x02。

5．赋值运算符

赋值运算符是一种很有效率且特殊的操作符号，包括最常见的"＝"，还有将算术运算、逻辑运算变形的操作符号，见表 1-1-10。

表 1-1-10　赋值运算符

符　号	功　能	范　例	说　明
=	赋值	A=x	将 x 变量的值放入 A 变量，与 A=x 相等
+=	相加	B+=x	将 B 变量的值与 x 变量的值相加，其和放入 B 变量，与 B=B+x 相等
−=	相减	C−=x	将 C 变量的值与 x 变量的值相减，其差放入 C 变量，与 C=C−x 相等
*=	相乘	D*=x	将 D 变量的值与 x 变量的值相乘，其积放入 D 变量，与 D=D*x 相等
/=	相除	E/=x	将 E 变量的值与 x 变量的值相除，其商放入 E 变量，与 E=E/x 相等
%=	取余数	F%=x	将 F 变量的值与 x 变量的值相除，其余数放入 F 变量，与 F=F%x 相等
&=	与运算	G&=x	将 G 变量的值与 x 变量的值相与，其结果放入 G 变量，与 G=G&x 相等
|=	或运算	H|=x	将 H 变量的值与 x 变量的值相或，其结果放入 H 变量，与 H=H|x 相等
^=	异或运算	I^=x	将 I 变量的值与 x 变量的值相异或，其结果放入 I 变量，与 I=I^x 相等
《=	左移	J≪=n	将 J 变量的值左移 n 位，与 J=J≪n 相等
》=	右移	K≫=n	将 K 变量的值右移 n 位，与 K=K≫n 相等

程序范例：

```
main ( )
{   char A, B, C, D,  E, F, G,  H, I, J,  K, x, y;
A=x; B+=x; C-=x; D*=x; E/=x; F%=x; G&=x; H|=x; I^=x; J《=n; K》=n;
}
```

程序结果：A=0x96、B=0xd0、C=0x6B、D=0x4e、E=0x01、F=0x11、G=0x90、H=0x9f、I=0xC3、J=0xa0、K=0x0e。

十、Keil C 的循环指令

循环指令就是将程序流程控制在指定的循环里，直到符合指定的条件才脱离循环继续往下执行。Keil C 所提供的循环指令有 for 语句、while 语句、do-while 语句。

1. for 语句

for 语句是一个很实用的计数循环，其格式如下：

```
for（表达式1；表达式2；表达式3）
{语句组；    //循环体
}
```

其中有 3 个表达式，说明如下。

表达式 1 为初始值。例如，从 0 开始则写成"i=0；"，其中的 i 必须事先声明。"；"是分隔符，不可缺少。

表达式 2 为判断条件，以此为执行循环的条件。例如"i<20；"，则只要 i<20 就继续执行循环。若此表达式空白，只输入"；"，如"for（i=0;；i++)"或"for（;；)"，则会无条件执行循环，不会跳出循环。

表达式 3 为条件运算方式，最常见的是自增或自减，如"i++"或"i--"；当然也可以是其他运算方式，如每次增加 2，即"i+=2"。

范例 1：for（i=0；i<8；i++)，说明循环执行 8 次。

范例 2：for（x=100；x>0；x--)，说明循环执行 100 次。

范例 3：for（;；)，说明是无限循环。

范例 4：for（num=0；num<99；num+=5)，说明循环执行 20 次。

在 for 语句下面，可利用一对大括号将所要执行的指令逐行写入。例如，用 for 语句求 1～100 的累加和，代码如下：

```
main( )
{   int i;
int sum=0;
for (i=1; i<=100;i++)
{sum=sum+i;
}
}
```

上述 for 语句的执行过程：先给 i 赋值 1，判断 i 是否小于等于 100，若是，则执行循环体 "sum=sum+i" 语句一次，然后 i 自增 1，再重新判断，直到 i=101 时，条件 i<=100 不成立，循环结束。

若循环中只执行一条指令，可不使用大括号。例如，要从 0 到 9，将 table 数组中的数据顺序输出到 P2，代码如下：

```
for(i=0;i<8;i++)
P2=table[i];
```

2. while 语句

while 语句的一般格式如下：

```
while（表达式）
{语句组；    //循环体
}
```

while 语句循环原理："表达式"通常是逻辑表达式或关系表达式，为循环条件；"语句组"是循环体，即被重复执行的程序段。该语句的执行过程如下：首先判断"表达式"的值，当值为真时，执行"语句组"；否则，就不执行。例如，求整数 1～100 的累加和，代码如下：

```
main(  )
{    int i, sum;
i=1; sum=0;
while(i<=100)
{sum=sum+i;
i++;
}
}
```

变量 i 的取值范围为 1～100，所以初值为 1，while 语句的条件 "i<=100"，终值为 100，循环次数为 100。

while 语句使用过程中的注意事项如下：

（1）使用 while 语句时要注意，当表达式的值为真时，执行循环体，循环体执行一次完成后，再次回到 while，进行循环条件判断，如果仍然为真，则重复执行循环体程序；为假则退出整个 while 循环语句。

（2）如果循环条件一开始就为假，那么 while 后面的循环体一次都不会执行。

（3）如果循环条件总为真，如 while（1），表达式为常量 1，循环条件永远成立，则为无限循环，即死循环。在单片机 C 语言程序设计中，无限循环是一个非常有用的语句，在上述程序示例中都使用了该语句。

3. do-while 语句

while 语句是在执行循环体之前进行循环条件判断，如条件不成立，则该循环语句组不执行。但是有时候需要先执行一次循环体后，再进行循环条件的判断。do-while 语句可以满足这种要求。do-while 语句的一般格式如下：

```
do
{语句组；  //循环体
}while（表达式）；
```

do-while 语句循环原理：先执行循环体"语句组"一次，再计算"表达式"的值，如果"表达式"的值为真，则继续执行循环体"语句组"，直到表达式的值为假为止。

do-while 语句使用过程中的注意事项如下：

（1）在使用 if 语句、while 语句时，表达式括号后面都不能加分号，但在 do-while 表达式括号后必须加分号。

（2）do-while 语句与 while 语句相比，更适合处理不论条件是否成立，都需要先执行一次循环体的情况。

4．在循环体中使用 break 和 continue 语句

（1）break 语句

当 break 语句用于 while、do-while 和 for 循环语句时，不论循环条件是否满足，都可以使程序立即终止整个循环而执行后面的语句。通常 break 语句总是与 if 语句一起使用，即满足 if 语句的条件时便跳出循环。例如：

```
main( )
{ int i=0, sum, sum1;
sum=0;
for(i=0; ;i++)
{ if(i>10)  break;
sum=sum+i;
}
sum1=sum;
}
```

在上述程序中，如果 if 语句的条件成立，则运行 break 语句，程序就跳出 for 循环体，执行 sum1=sum 语句。

（2）continue 语句

continue 语句的作用是结束本次循环，强行执行下一次循环。它与 break 语句的不同之处在于：break 语句是直接结束整个循环，而 continue 语句是结束当前循环体的执行，再次进入循环条件判断，准备继续开始下一次循环体的执行。例如，求出 1～100 范围内所有不能被 5 整除的整数之和，代码如下：

```
main( )
{ int i, sum;
sum=0;
for(i=1;i<=100;i++)
{ if(i%5==0)  continue;
```

```
    sum=sum+i;
    }
  }
```

　　程序分析：设置了一个 for 循环语句并进行 if 语句判断，若 i 对 5 取余运算的结果为 0，即能被 5 整除，则执行 continue 语句，退出本次循环；若不成立，则跳过 continue 语句，执行 sum=sum+i。再重新进行 for 循环条件判断。

十一、Keil C 的选择语句

　　选择指令是按条件决定程序流程。Keil C 所提供的选择指令有 if-else 语句及 switch-case 语句。

1. if-else 语句

if-else 语句提供条件判断的语句，称为条件选择，其格式如下：

```
if(表达式)
{ 循环体1;
…
}
else
{ 循环体2;
…
}
```

　　在这个语句中，将先判断表达式是否成立。若成立，则执行循环体 1，否则执行循环体 2。其中 else 部分也可以省略，即

```
if(表达式)  { 循环体1; }
其他指令
```

if-else 语句也可利用 else if 指令串接为多重条件判断，其格式如下：

```
if(表达式1)
{ 循环体1; }
else if(表达式2)
{ 循环体2; }
else if(表达式3)
{ 循环体 3; }
else{ 循环体4; }
…
```

　　在这种流程中，从表达式 1 开始判断，若表达式 1 成立，则表达式 2 和表达式 3 都没有作用。若表达式 1 不成立，而表达式 2 成立，则表达式 3 没有作用。

2. switch-case 语句

　　if 语句一般用于单一条件或分支数目较少的场合，如果使用 if 语句来编写超过 3 个分支的程序，就会降低程序的可读性。C 语言提供了一种用于多分支选择的 switch-case 语句，一般格式如下：

```
switch(表达式)
{ case(常数1):
{ 循环体1; }
break;
case(常数2):
{ 循环体2; }
break;
...
default
{ 循环体n; }
break;
}
```

在 switch-case 语句中，表达式的值决定流程，并没有优先级的问题。若没有一个路径的常数与表达式的值相同，程序将执行 default 路径下的循环体。注意，每个 case 语句块结束时必须有一个 break 指令，否则会继续执行下一个 case 循环体。

任务评估

任务评估见表 1-1-11。

表 1-1-11　任务评估表

评 价 项 目	评 价 标 准		得　分
硬件设计	能正确分析单片机最小系统的电路结构及各部分的功能	10 分	
	可以自主设计 8 位流水灯的硬件电路	10 分	
软件设计与调试	掌握发光二极管的工作原理	10 分	
	正确理解 Keil C 语言的基本结构、数据类型、常数、变量、运算符、循环指令与选择指令等知识点	20 分	
	能根据任务分析，正确绘制程序流程图	10 分	
	熟练使用 Proteus 和 Keil μVision3 软件，完成 8 位流水灯程序的设计与调试	20 分	
软硬件调试	能正确使用 STC-ISP-V488 程序下载软件，完成程序的下载，并根据接线图正确完成流水灯模块与最小系统模块的接线，观察 8 位流水灯的工作过程	10 分	
团队合作	各成员分工协作，积极参与	10 分	

学习任务二：海珠桥灯饰工程的设计与调试

任务描述

学生在 Proteus 仿真软件上自主完成海珠桥硬件设计，并且在 Keil μVision3 中编写丰富多彩的灯饰效果程序，最后在开发板上观看海珠桥灯饰效果。

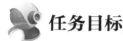

任务目标

（1）能自主设计并用 Proteus 软件绘制海珠桥灯饰工程效果图。

（2）根据任务分析，正确绘制程序流程图。

（3）能用 Keil μVision3 软件编写及调试程序。

（4）能充分发挥想象力，设计丰富多彩的海珠桥循环灯饰代码。

（5）能按照原理图，正确完成单片机开发板各电子元器件的接线，观看海珠桥灯饰效果。

建议课时：6 课时

任务分析

单片机有 4 个 I/O 口，每个口都有 8 位，共有 32 位，可以接 32 个 LED。为了实现更好的灯饰效果，本任务采取每位并联两个 LED，共有 64 个 LED。同样利用各引脚输出电位的变化，控制 LED 的亮灭。输出电位为高电平时，LED 灭；输出电位为低电平时，LED 亮。编写不同的循环码，可以实现不同的循环灯饰效果，并且利用亮灭的时间间隔，控制 LED 的循环速度，让海珠桥成为珠江边一颗璀璨的明珠。

任务实施

一、硬件电路设计

1. 硬件设计思路

为了设计更丰富的海珠桥灯饰效果，可以在单片机的每个输出口并联两个或者更多的 LED。海珠桥灯饰可分为桥拱、桥身两部分。读者可以根据兴趣爱好，设计不同的灯饰图案。

2. 硬件电路原理图

根据任务分析及设计思路，画出海珠桥灯饰工程的电路原理图，如图 1-2-1 所示。因灯饰工程较大，故省略最小系统。

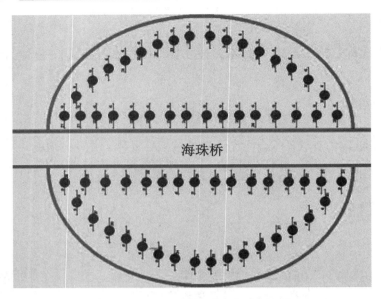

图 1-2-1 海珠桥灯饰工程电路原理图

根据电路原理图，确定本任务所需要的元器件清单，见表 1-2-1。

表 1-2-1 海珠桥灯饰元器件清单

序　号	名　　称	型　　号	数量（个）
1	单片机	AT89C51	1
2	彩灯：LED	—	64
3	电阻：RES	100Ω	32
		10kΩ	1
4	电容：CAP	10μF	1
		22pF	2
5	晶体振荡器：CRYSTAL	12MHz	1
6	按钮：BUTTON	不带自锁	1

打开 Proteus 仿真软件，根据原理图及元器件清单，绘制海珠桥灯饰工程的电路原理图。绘制步骤在任务一中已详细说明，此任务不再介绍。

二、软件程序设计与调试

1. 软件设计思路

单片机的 4 个 I/O 口控制了 64 个彩灯，可设计程序，让这 64 个彩灯依次点亮，形成 64 位的跑马灯。因此，我们的程序设计就要让 P0 口接的灯依次点亮，接着 P1 口接的灯依次点亮，接着 P2 口接的灯依次点亮，接着 P3 口接的灯依次点亮，以此类推，周而复始。

2. 绘制程序流程图

有了设计思路后，可以将思路转换成流程图，如图 1-2-2 所示。

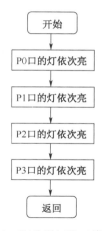

图 1-2-2　海珠桥灯饰工程流程图

3．编写程序

海珠桥灯饰工程的参考程序如下：

```
#include <reg51.h>
#define led0 P0              //定义led0接P0口
#define led1 P1              //定义led1接P1口
#define led2 P2              //定义led2接P2口
#define led3 P3              //定义led3接P3口
char code seg[ ]={0xfe，0xfd，0xfb，0xf7，0xef，
0xdf，0xbf，0x7f，0xff};       //灯依次点亮的数据码
delay(int);
main( )
{ led0=0xff;                 //初始化，P0口的灯全灭
led1=0xff;                   //初始化，P1口的灯全灭
led2=0xff;                   //初始化，P2口的灯全灭
led3=0xff;                   //初始化，P3口的灯全灭
while(1)
{ int i;
for(i=0;i<9;i++)
{delay(200);
led0=seg[i];                 //P0口的灯依次点亮
}
for(i=0;i<9;i++)
{delay(200);
led1=seg[i];                 //P1口的灯依次点亮
}
for(i=0;i<9;i++)
{delay(200);
led2=seg[i];                 //P2口的灯依次点亮
}
for(i=0;i<9;i++)
{delay(200);
```

```
    led3=seg[i];        //P3口的灯依次点亮
    }
    }
    }
    delay(int x)                // 1ms延时程序
    { int i, j;
    for(i=0;i<x;i++)
    for(j=0;j<120;j++);
    }
```

4．编译程序

在编辑窗口输入源代码后，单击左上方的编译按钮即可进行编译与连接，输出窗口显示"0 个错误，0 个警告"，表明没有语法错误，可以调试。

5．调试仿真程序

在 Proteus 软件中进行仿真，把 HEX 文件加入单片机，单击仿真按钮，即可看到 64 个流水灯依次点亮，形成跑马灯的效果。

6．在开发板上实现的效果

把程序下载至单片机，单片机的 P0 口、P1 口、P2 口与 P3 口分别与流水灯相连，确认连线无误后通电，看见海珠桥的灯饰依次点亮，实现了任务的要求（图 1-2-3）。

图 1-2-3　海珠桥灯饰循环效果图

 知识点提升

上述任务的程序设计实现的灯饰效果只有一种，不够丰富多彩。因此，编者充分发挥想象力，设计了多种灯饰循环效果，供读者参考。程序如下：

```
    #include<reg51.h>
    #define led0 P0
    #define led1 P1
    #define led2 P2
    #define led3 P3
    delay(int);
```

```
char code seg1[ ]=
{0xfe, 0xfd, 0xfb, 0xf7, 0xef, 0xdf, 0xbf, 0x7f, 0x7f, 0xbf, 0xdf, 0xef,
0xf7, 0xfb, 0xfd, 0xfe,
    0xff, 0x00, 0xff, 0x00, 0xff, 0x00, 0xff, 0x00, 0xff, 0x00, 0xff, 0x00,
0xff, 0x00, 0xff, 0x00,
    0xfe, 0xfd, 0xfb, 0xf7, 0xef, 0xdf, 0xbf, 0x7f, 0xff, 0xff, 0xff, 0xff,
0xff, 0xff, 0xff, 0xff,
    0xff, 0xff, 0xff, 0xff, 0xff, 0xff, 0xff, 0xff, 0xff, 0xff, 0xff, 0xff,
0xff, 0xff, 0xff, 0xff,
    0xfe, 0xfd, 0xfb, 0xf7, 0xef, 0xdf, 0xbf, 0x7f, 0xff, 0xff, 0xff, 0xff,
0xff, 0xff, 0xff, 0xff,
    0xfe, 0xfd, 0xfb, 0xf7, 0xef, 0xdf, 0xbf, 0x7f, 0x7f, 0xbf, 0xdf, 0xef,
0xf7, 0xfb, 0xfd, 0xfe,
    0xfe, 0xfc, 0xf8, 0xf0, 0xe0, 0xc0, 0x80, 0x00, 0x00, 0x80, 0xc0, 0xe0,
0xf0, 0xf8, 0xfc, 0xfe,
    0xfe, 0xfc, 0xf8, 0xf0, 0xe0, 0xc0, 0x80, 0x00, 0x00, 0x80, 0xc0, 0xe0,
0xf0, 0xf8, 0xfc, 0xfe,
    0x00, 0x00, 0x00, 0x00, 0x00, 0x00, 0x00, 0x00, 0xff, 0xff, 0xff, 0xff,
0xff, 0xff, 0xff, 0xff,
    0x00, 0x00, 0x00, 0x00, 0x00, 0x00, 0x00, 0x00, 0xff, 0xff, 0xff, 0xff,
0xff, 0xff, 0xff, 0xff,
    0x00, 0x00, 0x00, 0x00, 0x00, 0x00, 0x00, 0x00, 0xff, 0xff, 0xff, 0xff,
0xff, 0xff, 0xff, 0xff,
    0x00, 0x00, 0x00, 0x00, 0x00, 0x00, 0x00, 0x00, 0xff, 0xff, 0xff, 0xff,
0xff, 0xff, 0xff, 0xff,
    0xaa, 0x55, 0xaa, 0x55, 0xaa, 0x55, 0xaa, 0x55, 0xaa, 0x55, 0xaa, 0x55,
0xaa, 0x55, 0xaa, 0x55,
    0xaa, 0x55, 0xaa, 0x55, 0xaa, 0x55, 0xaa, 0x55, 0xaa, 0x55, 0xaa, 0x55,
0xaa, 0x55, 0xaa, 0x55,
    0xff, 0xff, 0xff, 0xff, 0xff, 0xff, 0xff, 0xff, 0xff, 0xff, 0xff, 0xff,
0xff, 0xff, 0xff, 0xff,
    0xaa, 0x55, 0xaa, 0x55, 0xaa, 0x55, 0xaa, 0x55, 0xaa, 0x55, 0xaa, 0x55,
0xaa, 0x55, 0xaa, 0x55, };
char code seg2[]=
{0xfe, 0xfd, 0xfb, 0xf7, 0xef, 0xdf, 0xbf, 0x7f, 0x7f, 0xbf, 0xdf, 0xef,
0xf7, 0xfb, 0xfd, 0xfe,
    0xff, 0x00, 0xff, 0x00, 0xff, 0x00, 0xff, 0x00, 0xff, 0x00, 0xff, 0x00,
0xff, 0x00, 0xff, 0x00,
    0xff, 0xff, 0xff, 0xff, 0xff, 0xff, 0xff, 0xff, 0x7f, 0xbf, 0xdf, 0xef,
0xf7, 0xfb, 0xfd, 0xfe,
    0xff, 0xff, 0xff, 0xff, 0xff, 0xff, 0xff, 0xff, 0xff, 0xff, 0xff, 0xff,
0xff, 0xff, 0xff, 0xff,
    0xff, 0xff, 0xff, 0xff, 0xff, 0xff, 0xff, 0xff, 0xfe, 0xfd, 0xfb, 0xf7,
0xef, 0xdf, 0xbf, 0x7f,
    0x7f, 0xbf, 0xdf, 0xef, 0xf7, 0xfb, 0xfd, 0xfe, 0xfe, 0xfd, 0xfb, 0xf7,
0xef, 0xdf, 0xbf, 0x7f,
    0xfe, 0xfc, 0xf8, 0xf0, 0xe0, 0xc0, 0x80, 0x00, 0x00, 0x80, 0xc0, 0xe0,
```

```
0xf0, 0xf8, 0xfc, 0xfe,
    0xfe, 0xfc, 0xf8, 0xf0, 0xe0, 0xc0, 0x80, 0x00, 0x00, 0x80, 0xc0, 0xe0,
0xf0, 0xf8, 0xfc, 0xfe,
    0xff, 0xff, 0xff, 0xff, 0xff, 0xff, 0xff, 0xff, 0x00, 0x00, 0x00, 0x00,
0x00, 0x00, 0x00, 0x00,
    0xff, 0xff, 0xff, 0xff, 0xff, 0xff, 0xff, 0xff, 0x00, 0x00, 0x00, 0x00,
0x00, 0x00, 0x00, 0x00,
    0xff, 0xff, 0xff, 0xff, 0xff, 0xff, 0xff, 0xff, 0x00, 0x00, 0x00, 0x00,
0x00, 0x00, 0x00, 0x00,
    0xff, 0xff, 0xff, 0xff, 0xff, 0xff, 0xff, 0xff, 0x00, 0x00, 0x00, 0x00,
0x00, 0x00, 0x00, 0x00,
    0xaa, 0x55, 0xaa, 0x55, 0xaa, 0x55, 0xaa, 0x55, 0xaa, 0x55, 0xaa, 0x55,
0xaa, 0x55, 0xaa, 0x55,
    0x55, 0xaa, 0x55, 0xaa, 0x55, 0xaa, 0x55, 0xaa, 0x55, 0xaa, 0x55, 0xaa,
0x55, 0xaa, 0x55, 0xaa,
    0xaa, 0x55, 0xaa, 0x55, 0xaa, 0x55, 0xaa, 0x55, 0xaa, 0x55, 0xaa, 0x55,
0xaa, 0x55, 0xaa, 0x55,
    0xff, 0xff, 0xff, 0xff, 0xff, 0xff, 0xff, 0xff, 0xff, 0xff, 0xff, 0xff,
0xff, 0xff, 0xff, 0xff, };
    Char code seg3[]=
    {0xfe, 0xfd, 0xfb, 0xf7, 0xef, 0xdf, 0xbf, 0x7f, 0x7f, 0xbf, 0xdf, 0xef,
0xf7, 0xfb, 0xfd, 0xfe,
    0xff, 0x00, 0xff, 0x00, 0xff, 0x00, 0xff, 0x00, 0xff, 0x00, 0xff, 0x00,
0xff, 0x00, 0xff, 0x00,
    0xff, 0xff, 0xff, 0xff, 0xff, 0xff, 0xff, 0xff, 0xff, 0xff, 0xff, 0xff,
0xff, 0xff, 0xff, 0xff,
    0xfe, 0xfd, 0xfb, 0xf7, 0xef, 0xdf, 0xbf, 0x7f, 0xff, 0xff, 0xff, 0xff,
0xff, 0xff, 0xff, 0xff,
    0xff, 0xff, 0xff, 0xff, 0xff, 0xff, 0xff, 0xff, 0xfe, 0xfd, 0xfb, 0xf7,
0xef, 0xdf, 0xbf, 0x7f,
    0x7f, 0xbf, 0xdf, 0xef, 0xf7, 0xfb, 0xfd, 0xfe, 0xfe, 0xfd, 0xfb, 0xf7,
0xef, 0xdf, 0xbf, 0x7f,
    0xfe, 0xfc, 0xf8, 0xf0, 0xe0, 0xc0, 0x80, 0x00, 0x00, 0x80, 0xc0, 0xe0,
0xf0, 0xf8, 0xfc, 0xfe,
    0xfe, 0xfc, 0xf8, 0xf0, 0xe0, 0xc0, 0x80, 0x00, 0x00, 0x80, 0xc0, 0xe0,
0xf0, 0xf8, 0xfc, 0xfe,
    0xff, 0xff, 0xff, 0xff, 0xff, 0xff, 0xff, 0xff, 0x00, 0x00, 0x00, 0x00,
0x00, 0x00, 0x00, 0x00,
    0xff, 0xff, 0xff, 0xff, 0xff, 0xff, 0xff, 0xff, 0x00, 0x00, 0x00, 0x00,
0x00, 0x00, 0x00, 0x00,
    0xff, 0xff, 0xff, 0xff, 0xff, 0xff, 0xff, 0xff, 0x00, 0x00, 0x00, 0x00,
0x00, 0x00, 0x00, 0x00,
    0xff, 0xff, 0xff, 0xff, 0xff, 0xff, 0xff, 0xff, 0x00, 0x00, 0x00, 0x00,
0x00, 0x00, 0x00, 0x00,
    0xaa, 0x55, 0xaa, 0x55, 0xaa, 0x55, 0xaa, 0x55, 0xaa, 0x55, 0xaa, 0x55,
0xaa, 0x55, 0xaa, 0x55,
    0x55, 0xaa, 0x55, 0xaa, 0x55, 0xaa, 0x55, 0xaa, 0x55, 0xaa, 0x55, 0xaa,
```

```
0x55, 0xaa, 0x55, 0xaa,
    0xaa, 0x55, 0xaa, 0x55, 0xaa, 0x55, 0xaa, 0x55, 0xaa, 0x55, 0xaa, 0x55,
0xaa, 0x55, 0xaa, 0x55,
    0xff, 0xff, 0xff, 0xff, 0xff, 0xff, 0xff, 0xff, 0xff, 0xff, 0xff, 0xff,
0xff, 0xff, 0xff, 0xff, };
    Char code seg4[]=
    {0xfe, 0xfd, 0xfb, 0xf7, 0xef, 0xdf, 0xbf, 0x7f, 0x7f, 0xbf, 0xdf, 0xef,
0xf7, 0xfb, 0xfd, 0xfe,
    0xff, 0x00, 0xff, 0x00, 0xff, 0x00, 0xff, 0x00, 0xff, 0x00, 0xff, 0x00,
0xff, 0x00, 0xff, 0x00,
    0xff, 0xff, 0xff, 0xff, 0xff, 0xff, 0xff, 0xff, 0xff, 0xff, 0xff, 0xff,
0xff, 0xff, 0xff, 0xff,
    0xff, 0xff, 0xff, 0xff, 0xff, 0xff, 0xff, 0xff, 0x7f, 0xbf, 0xdf, 0xef,
0xf7, 0xfb, 0xfd, 0xfe,
    0xfe, 0xfd, 0xfb, 0xf7, 0xef, 0xdf, 0xbf, 0x7f, 0xff, 0xff, 0xff, 0xff,
0xff, 0xff, 0xff, 0xff,
    0xfe, 0xfd, 0xfb, 0xf7, 0xef, 0xdf, 0xbf, 0x7f, 0x7f, 0xbf, 0xdf, 0xef,
0xf7, 0xfb, 0xfd, 0xfe,
    0xfe, 0xfc, 0xf8, 0xf0, 0xe0, 0xc0, 0x80, 0x00, 0x00, 0x80, 0xc0, 0xe0,
0xf0, 0xf8, 0xfc, 0xfe,
    0xfe, 0xfc, 0xf8, 0xf0, 0xe0, 0xc0, 0x80, 0x00, 0x00, 0x80, 0xc0, 0xe0,
0xf0, 0xf8, 0xfc, 0xfe,
    0x00, 0x00, 0x00, 0x00, 0x00, 0x00, 0x00, 0x00, 0xff, 0xff, 0xff, 0xff,
0xff, 0xff, 0xff, 0xff,
    0x00, 0x00, 0x00, 0x00, 0x00, 0x00, 0x00, 0x00, 0xff, 0xff, 0xff, 0xff,
0xff, 0xff, 0xff, 0xff,
    0x00, 0x00, 0x00, 0x00, 0x00, 0x00, 0x00, 0x00, 0xff, 0xff, 0xff, 0xff,
0xff, 0xff, 0xff, 0xff,
    0x00, 0x00, 0x00, 0x00, 0x00, 0x00, 0x00, 0x00, 0xff, 0xff, 0xff, 0xff,
0xff, 0xff, 0xff, 0xff,
    0xaa, 0x55, 0xaa, 0x55, 0xaa, 0x55, 0xaa, 0x55, 0xaa, 0x55, 0xaa, 0x55,
0xaa, 0x55, 0xaa, 0x55,
    0xaa, 0x55, 0xaa, 0x55, 0xaa, 0x55, 0xaa, 0x55, 0xaa, 0x55, 0xaa, 0x55,
0xaa, 0x55, 0xaa, 0x55,
    0xff, 0xff, 0xff, 0xff, 0xff, 0xff, 0xff, 0xff, 0xff, 0xff, 0xff, 0xff,
0xff, 0xff, 0xff, 0xff,
    0xaa, 0x55, 0xaa, 0x55, 0xaa, 0x55, 0xaa, 0x55, 0xaa, 0x55, 0xaa, 0x55,
0xaa, 0x55, 0xaa, 0x55,
    };
    //===============================主程序=====================
    main()
    {int i;
    while(1)
    {
    for(i=0;i<256;i++)
    {
    led0=seg1[i];
```

```
led1=seg2[i];
led2=seg3[i];
led3=seg4[i];
delay(3000);
}
}
}
//=========================延时函数==========================
delay(int x)
{int i, j;
for(i=0;i<x;i++)
for(j=0;j<120;j++);
}
```

从程序可看出，灯饰循环效果如下：

P0、P1、P2、P3 的灯依次从左到右、从右到左亮。

P0、P1、P2、P3 的灯闪烁八次。

P0 的灯依次点亮→P1 的灯依次点亮→P2 的灯依次点亮→P3 的灯依次点亮，形成跑马灯。

P0、P3 的灯从右到左亮，P1、P2 的灯从左到右亮。

P0、P1、P2、P3 的灯依次亮，直至全亮。
P0、P1、P2、P3 的灯依次灭，直至全灭。 } 重复两次

重复三次：P0、P3 的灯全亮→P1、P2 的灯全亮。

P0、P1、P2、P3 的灯交替闪烁若干次。

思考题

能否自主设计其他灯饰，如金字塔，再编写丰富多彩的循环码，让金字塔披上一件五彩斑斓的华丽衣裳？

任务评估

任务评估见表 1-2-2。

表 1-2-2　任务评估表

评价项目	评价标准		得分
硬件设计	能自主设计海珠桥灯饰工程效果图	10 分	
	能用 Proteus 软件，熟练绘制海珠桥灯饰工程原理图	10 分	
软件设计与调试	根据任务分析，正确绘制程序流程图	10 分	
	能用 Keil μVision3 软件，编写及调试程序	30 分	

续表

评价项目	评价标准	得　　分
软件设计与调试	能充分发挥想象力，设计丰富多彩的海珠桥循环灯饰效果　　20 分	
软硬件调试	能按照原理图，正确完成单片机开发板各电子元器件的接线，通电后观看海珠桥的灯饰效果　　10 分	
团队合作	各成员分工协作，积极参与　　10 分	

 知识考核

一、选择题

1．8951 单片机内部程序存储器（ROM）容量为（　　）。

    A．2KB　　　　　　B．4KB　　　　　　C．256B　　　　　D．8KB

2．学校或培训机构常用的单片机封装形式是（　　）。

    A．QFP　　　　　　B．DIP40　　　　　C．PLCC　　　　　D．PDIP42

3．8951 单片机第 9 引脚是（　　）引脚。

    A．电源　　　　　B．复位　　　　　　C．时钟　　　　　D．接地

4．单片机复位以后，P2 口的状态是（　　）。

    A．低电平　　　　B．高电平　　　　　C．不定　　　　　D．高阻

5．单片机常用编程（C 语言）调试软件是（　　）。

    A．Altium Designer　　　　　　　　B．Proteus

    C．Keil μVision3　　　　　　　　　D．Protel 99se

6．用 Keil μVision3 软件编译过的（　　）后缀文件可以加到 Proteus 软件中的单片机上进行仿真。

    A．hex　　　　　　B．doc　　　　　　C．asm　　　　　D．c

7．8951 单片机内部数据存储器（RAM）容量为（　　）。

    A．2KB　　　　　　B．4KB　　　　　　C．256B　　　　　D．128B

8．8951 单片机电源引脚是第（　　）脚。

    A．1　　　　　　　B．9　　　　　　　C．20　　　　　　D．40

9．8951 单片机 18 和 19 引脚是（　　）引脚。

    A．时钟脉冲　　　B．定时器/计数器　C．存储器　　　　D．电源

10．单片机常用软硬件联合调试软件是（　　）。

    A．Altium Designer　　　　　　　　B．Proteus

    C．Keil μVision3　　　　　　　　　D．Protel 99se

11．8951 单片机外部存储器最多可扩展（　　）KB。

    A．2　　　　　　　B．4　　　　　　　C．256　　　　　D．64

12．51 单片机有（　　）组 8 位输入/输出口。

    A．1　　　　　　　B．2　　　　　　　C．4　　　　　　D．5

13．8951 单片机接地引脚是第（　　）脚。

    A．1　　　　　　　B．9　　　　　　　C．20　　　　　　D．40

14．8951 单片机 31 引脚是（　　）引脚。

A. 时钟脉冲　　　　B. 定时器/计数器　　C. 存储器选择　　D. 电源

15.（　　）是无符号字符数据类型。

A. char　　　　　　B. unsigned char　　C. int　　　　　　D. unsigned int

16.（　　）自定义变量是不合法的。

A. kaishi　　　　　B. 3duan　　　　　　C. key　　　　　　D. hao

17. 下面有关 for 语句的说法，错误的是（　　）。

A. for 语句是循环指令

B. for 语句后面紧跟小括号

C. for 语句结构的大括号不能省略

D. for 语句里面遇到 break 语句则跳出循环

18. 函数起始和终止符号是（　　）。

A. 大括号　　　　　B. 小括号　　　　　C. 书名号　　　　　D. 双引号

19.（　　）是整数类型。

A. char　　　　　　B. unsigned char　　C. int　　　　　　D. unsigned int

20.（　　）自定义变量是合法的。

A. if　　　　　　　B. while　　　　　　C. switch　　　　　D. shuma

21. 下面有关 while 语句的说法，错误的是（　　）。

A. while 语句是循环指令

B. while 语句后面的小括号里为空时表示死循环

C. while 语句结构的大括号不能省略

D. while 语句里面遇到 break 语句则跳出循环

22. 共阴极接法的 LED 灯，单片机输出（　　）电平时灯才亮。

A. 高　　　　　　　B. 低　　　　　　　C. 不定　　　　　　D. 高阻

23. 用 C 语言编写的源文件的后缀是（　　）。

A. txt　　　　　　　B. doc　　　　　　　C. asm　　　　　　D. c

24. 一条语句结束的符号是（　　）。

A. 句号　　　　　　B. 分号　　　　　　C. 逗号　　　　　　D. 点

25.（　　）是无符号整数类型。

A. char　　　　　　B. unsigned char　　C. int　　　　　　D. unsigned int

26. 自定义变量取名不符合规则的是（　　）。

A. 使用下画线　　　　　　　　　　　B. 容易理解和有意义的

C. 数字开头　　　　　　　　　　　　D. 用大小写字母

二、综合题

1. 什么是单片机？单片机内部包括哪几部分？

2. 单片机的存储器如何分类？

3. 请用 C 语言编写一个延时 1ms 的子程序 delay，晶振为 12MHz。

4. 请画出单片机最小系统电路图。

5. 单片机 P1 口已接上 8 个发光二极管，采用共阳极接法，请编写程序，使 8 个 LED 灯按顺序循环点亮，要求有一定的延时。

情境2 数字钟的设计与调试

情境介绍

在日常生活和工作中，我们常常使用定时器，如扩印过程中的曝光定时、早晨起床的闹铃定时等。早期使用的时间控制单元常常利用模拟电路来实现，其定时的准确度和重复精度都不是很理想。随着数字电子技术的飞速发展，单片机的控制性能越来越高，单片机产品已经渗入工作和生活的许多领域。

本情境以单片机为控制单元，单片机的定时器产生精确定时，通过共阳极数码管LED显示时、分、秒，并且通过按钮设置时间，达到制作简易数字钟的目的。

学习任务一：1位数码管的静态显示电路的设计与调试

任务描述

根据数码管静态显示的原理，采用单片机的任意端口，控制一个数码管，显示0～9中的任意一个数字。

任务目标

（1）掌握七段LED数码管的内部连接方式。
（2）能按照任务要求，自主设计与绘制1位数码管的静态显示电路。
（3）理解数码管静态显示的工作原理。

（4）理解抖动和去抖动的工作原理，并且能设计程序实现软件去抖动。

（5）能根据数码管静态显示的原理，自主设计 1 位数码管的静态显示电路，并编写程序，让数码管显示 0～9 中的任意一个数字。

（6）能按照硬件电路图，完成单片机最小系统与数码管、按钮之间的接线，通电后让数码管显示数字。

建议课时：8 课时

任务分析

可以采用一个共阳极数码管显示数字 5，并用单片机的 P2 口控制。

任务实施

一、硬件电路设计

1. 硬件设计思路

显示数字一般用七段 LED 数码管，先认识七段 LED 数码管，然后再设计电路原理图。

（1）七段 LED 数码管

七段 LED 数码管是利用 7 个 LED 组合而成的显示装置，可以显示 0～9 这 10 个数字，如图 2-1-1 所示。

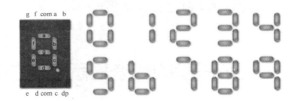

图 2-1-1　七段 LED 数码管

七段 LED 数码管分为共阳极和共阴极两种，共阳极就是把所有 LED 的阳极连接到公共端 com，而每个 LED 的阴极分别为 a、b、c、d、e、f、g 及 dp（小数点）。同样，共阴极就是把所有 LED 的阴极连接到公共端 com，而每个 LED 的阳极分别为 a、b、c、d、e、f、g 及 dp，如图 2-1-2 所示。

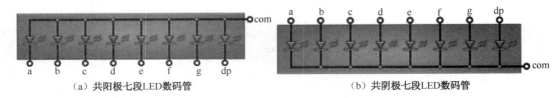

（a）共阳极七段LED数码管　　　　　　　　　（b）共阴极七段LED数码管

图 2-1-2　七段 LED 数码管的结构

常见的七段 LED 数码管如图 2-1-3 所示。

（a）正面　　　　　　　　　　　　　　（b）背面

图 2-1-3　常见的七段 LED 数码管

2）共阳极七段 LED 数码管

当我们要使用共阳极七段 LED 数码管时，首先要把 com 接 VCC，然后将每一个阴极引脚各接一个限流电阻，如图 2-1-4 所示。其电阻值可在 220Ω 与 330Ω 之间，电阻值越小，电流越大，亮度越高。若只使用一个限流电阻连接 VCC，则显示不同数字，将会有不同的亮度，并不妥当。

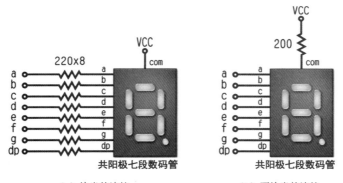

（a）恰当的连接　　　　　　　　　　（b）不恰当的连接

图 2-1-4　共阳极七段 LED 数码管的连接方式

若 a 连接 8951 输出端口的最低位，dp 连接最高位，且希望小数点不亮，则共阳极数码管 0～9 的驱动信号编码如图 2-1-5 所示。

数字	（dp）	16 进位	显示
0	11000000	0xc0	0
1	11111001	0xf9	1
2	10100100	0xa4	2
3	10110000	0xb0	3
4	10011001	0x99	4
5	10010010	0x92	5
6	10000011	0x83	6
7	11111000	0xf8	7
8	10000000	0x80	8
9	10011000	0x98	9

图 2-1-5　共阳极七段 LED 数码管驱动信号编码

（3）共阴极七段 LED 数码管

当我们要使用共阴极七段 LED 数码管时，首先把 com 接地（GND），然后将每一个阳极引脚各接一个限流电阻，如图 2-1-6 所示。

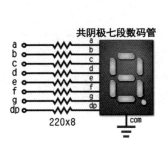 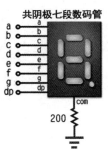

（a）恰当的连接　　　　　　　　（b）不恰当的连接

图 2-1-6　共阴极七段 LED 数码管的连接

若 a 连接 8951 输出端口的最低位，dp 连接最高位，且希望小数点不亮，则共阴极数码管 0～9 的驱动信号编码如图 2-1-7 所示。

数字	（dp）	16 进位	显示
0	00111111	0x3f	0
1	00000110	0x06	1
2	01011011	0x5b	2
3	01001111	0x4f	3
4	01100110	0x66	4
5	01101101	0x6d	5
6	00111100	0x3c	6
7	00000111	0x07	7
8	01111111	0x7f	8
9	01100111	0x37	9

图 2-1-7　共阴极七段 LED 数码管驱动信号编码

很显然，共阳极七段 LED 数码管的驱动信号与共阴极七段 LED 数码管的驱动信号刚好相反，我们只要使用其中一组信号编码即可。万一所使用的编码与七段 LED 数码管的极性不符，只要在程序里的输出指令中加一个反相运算符即可。

2．硬件电路原理图

根据任务分析及共阳极七段 LED 数码管的连接特点，本任务中的数码管通过 220Ω 限流电阻连接到单片机的 P2 口，数码管的 com 接 VCC，如图 2-1-8 所示。

根据电路原理图，确定本任务所需要的元器件清单，见表 2-1-1。

表 2-1-1　1 位数码管静态显示数字元器件清单

序　号	名　　称	型　　号	数量（个）
1	单片机	AT89C51	1
2	共阳极数码管	7SEG-COM-CA-BLUE	1
3	电阻：RES	220Ω	8
		10kΩ	1

续表

序　号	名　称	型　号	数量（个）
4	电容：CAP	30pF	2
		10μF	1
5	晶振：CRYSTAL	12MHz	1
6	按钮：BUTTON	不带自锁	1

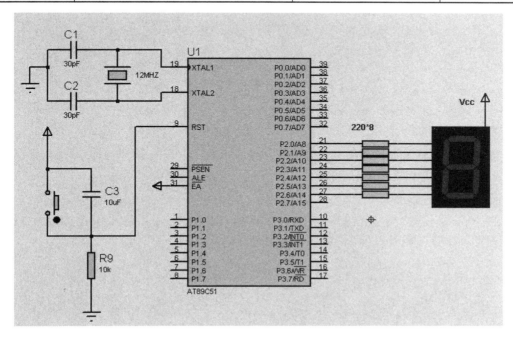

图 2-1-8　1 位数码管静态显示数字电路原理图

打开 Proteus 仿真软件，根据原理图及元器件清单，绘制 1 位数码管静态显示数字电路原理图。

二、软件设计与调试

1．软件设计思路

根据数码管的工作原理可知，要使数码管静态显示某个数字，在数码端输入该数字的码即可。本任务可以让数码管显示数字 5。

2．绘制程序流程图

有了设计思路后，可以将思路转换成流程图，如图 2-1-9 所示。

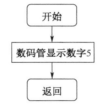

图 2-1-9　1 位数码管静态显示程序流程图

3. 编写程序

根据流程图可知，该程序比较简单，代码如下：

```
#include<reg51.h>          //定义寄存器的头文件
#define shuma P2           //定义数码端接P2
//=======主程序=====================================
main()
{
{while(1)
{ shuma=0x92;              //显示数字5
}
}
}
```

4. 编译程序

在编辑窗口输入源代码后，单击左上方的 🖾 按钮即可进行编译与连接，输出窗口显示"0个错误，0个警告"，表明没有语法错误，可以调试。

5. 调试仿真程序

在 Proteus 软件中进行仿真，把 HEX 文件加入单片机，单击仿真按钮，即可看到 P2 口所接的共阳极数码管显示 5，如图 2-1-10 所示。

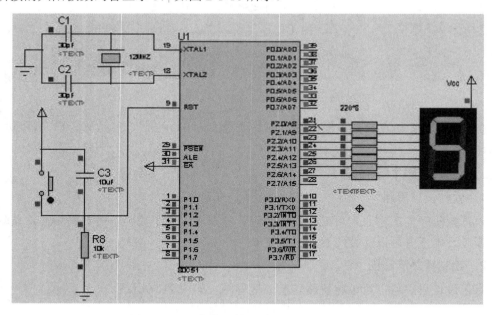

图 2-1-10　1 位数码管显示数字 5 仿真效果图

6. 在开发板上实现的效果

把单片机放入 40DIP 插座中，并卡住。然后用排线把单片机的 P2 口与七段 LED 数码管相连，启动 STC 单片机程序下载软件，下载完成后，即可看见开发板上的数码管显示数字 5，如图 2-1-11 所示，实现了该任务的要求。

图 2-1-11　数码管显示数字 5 效果图

思考题

（1）任务中的程序编写采用的是最直接的传送方式，能否用查表方式编写程序？

（2）如果把任务中的共阳极数码管改为共阴极数码管，如何修改程序？

知识点提升

一、1 位数码管 0~9 顺计时显示

上述任务是数码管静态显示一个数字。在工作中，我们经常会看见数码管显示的数字从 0 开始，每隔 0.5s 加 1，直到 9 之后再从 0 开始，如此反复循环。

该知识点的硬件电路图和数码管静态显示一个数字的电路图一样，只是程序设计不同，流程图如图 2-1-12 所示。

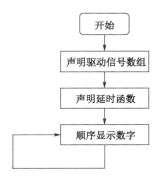

图 2-1-12　1 位数码管 0~9 顺计时显示流程图

根据流程图编写的程序如下：

```
#include<reg51.h>              //定义寄存器的头文件
#define shuma P2              //定义数码端接P2
char code seg[ ]={ 0xc0, 0xf9, 0xa4, 0xb0, 0x99, 0x92, 0x83, 0xf8, 0x80,
0x98};
```

```
//========主程序========================================
main()
{ int i;
while(1)
{for(i=0;i<10;i++)                //显示数字0~9，共10次
{shuma=seg[i];  //显示数字
delay(500);    //延时0.5s
}
}
}
//========延时程序========================================
delay(int x)
{ int i, j;
for(i=0;i<x;i++)
 for(j=0;j<120;j++);
}
```

 思考题

（1）修改本程序，让七段 LED 数码管从 9 开始显示，递减到 0，再从头开始。

（2）修改本程序，让七段 LED 数码管从 0 开始显示，递增到 9，再递减到 0，然后从头开始。

二、按钮开关控制的数码管显示电路

在实际生活中，我们经常会使用按钮开关控制数码管，如每按一次开关，数码管会加 1 或者减 1。但是，不管是按钮开关还是闸刀开关，在操作时，效果都不太理想。实际上，操作开关会有很多不确定状态，也就是噪声。在此介绍按钮开关的抖动现象和如何去抖动。

1．抖动现象

在输入电路中，开关的动作是理想状态。但是如果仔细分析开关的真实动作，将会发现许多非预期的状态，如图 2-1-13 所示。这种非预期的状态称为抖动，而这种忽高忽低或者忽而非高非低的情况就是噪声。

2．硬件去抖动

如果要避免这种抖动现象，可使用一个切换开关及互锁电路，组成一个去抖动电路，如图 2-1-14 所示。虽然这个电路可降低抖动所产生的噪声，但所需要的元器件较多，所占的电路面积较大，增加了成本与电路的复杂度，目前已经很少使用了。

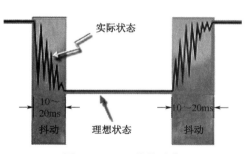

图 2-1-13 开关的动作

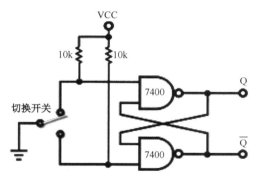

图 2-1-14 去抖动电路

3．软件去抖动

用硬件来抑制抖动的噪声，定会增加电路的复杂性与成本。而我们只要在软件上花点时间，避免产生抖动的那 10～20ms，即可达到去抖动的效果。怎么做呢？只要在读入第一个状态的输入信号时执行 10～20ms 的延时函数（通常是 20ms）即可。在按下按钮开关的瞬间，程序将执行 debouncer 函数，而这个函数就是一个延时函数，代码如下：

```
void  debouncer (void)        //去抖动函数开始
{ int i;                       //声明变量
for( i=0;i<2400;i++);          //连续2400次
}                              //去抖动函数结束
```

如图 2-1-15 所示，以产生负脉冲的按钮开关为例，当按下按钮，8951 检测到第一个低电平信号时，随即调用 debouncer 函数以延时 20ms，这段时间程序不执行，以避免按钮开关上的不稳定状态。20ms 后，程序才响应使用者按下按钮开关所对应的动作。放开按钮，8951 检测到第一个高电平信号时，随即调用 debouncer 函数以延时 20ms，这段时间程序不执行，以避免按钮开关上的不稳定状态。20ms 后，程序才响应使用者放开按钮开关所对应的动作。

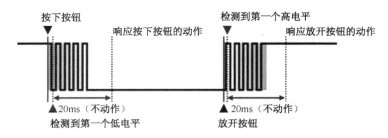

图 2-1-15 按钮开关动作与去抖动函数的波形分析

4．按钮开关控制的数码管显示电路示例

如图 2-1-16 所示，P0 经限流电阻器连接共阳极七段 LED 数码管，P2.7 连接 PB1，P2.6 连接 PB2，其中 PB1 具有递增的功能，PB2 具有递减的功能。程序刚开始时，七段 LED 数码管显示 0，按一下 PB1，七段 LED 数码管显示 1，再按一下 PB1，七段 LED 数码管显示 2，以此类推；若七段 LED 数码管显示 9，再按一下 PB1，七段 LED 数码管显

示 0。同样，七段 LED 数码管显示 0，按一下 PB2，七段 LED 数码管显示 9，再按一下 PB2，七段 LED 数码管显示 8，以此类推；若七段 LED 数码管显示 0，再按一下 PB1，七段 LED 数码管显示 9。当按钮按着不放时，状态不变。

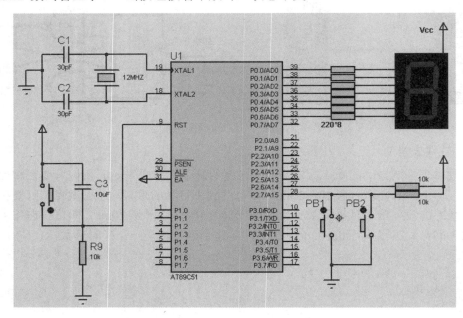

图 2-1-16　按钮开关控制的数码管显示电路示例

在程序设计方面，一开始，共阳极七段 LED 数码管显示 0，然后判断 PB1 是否为 0，若 PB1=0，则输出下一笔驱动信号，若超过 10 笔数据，则从第一笔数据开始；紧接着判断 PB2 是否为 0，若 PB2=0，则输出上一笔驱动信号，若原本是第一笔数据，则输出第 10 笔数据，程序如下所示。

```
//==声明区==================================================
#include <reg51.h>                    //
#define  SEG P0                       //定义七段LED数码管接至P0
char code TAB[10]={0xc0, 0xf9, 0xa4, 0xb0, 0x99, 0x92, 0x83, 0xf8, 0x80,
0x98 };                               //数字0～9的编码
sbit  PB1=P2^7;                       //声明按钮PB1接至P2.7
sbit  PB2=P2^6;                       //声明按钮PB2接至P2.6
void debouncer(void);                 //声明去抖动函数
//=====================主程序=====================================
main( )                               //主程序开始
{unsigned char i=0;                   //声明变量i初值为0
PB1=PB2=1;                            //初始化输入端口
SEG=TAB[i];                           //开始显示0
while(1)                              //无限循环
{if (PB1==0)                          //判断PB1是否按下
{debouncer( );                        //调用去抖动函数
i= (i<9)? i+1: 0;                     //若i<9则i=i+1，若i>=9则清除为0
```

```
        SEG=TAB[i];                          //输出数字至七段LED数码管
        while(PB1==0);                       //判断PB1是否按住
        debouncer();                         //调用去抖动函数
        }                                    //if语句结束
        if (PB2==0)                          //判断PB2是否按下
        {debouncer();                        //调用去抖动函数
        i= (i>0)? i-1: 9;                    //若i>0则i=i-1，i<=0则重设为9
        SEG=TAB[i];                          //输出数字至七段显示器
        while(PB2==0);                       //判断PB2是否按住
        debouncer();                         //调用去抖动函数
        }                                    //if语句结束
        }                                    //while循环结束
        }                                    //主程序结束
        //==========================子程序：去抖动函数 ，延迟约20ms========
        void debouncer(void)
        {int i;                              //声明整数变量i
        for(i=0;i<2400;i++);                 //计数2400次，延迟约20ms
        }
```

 ## 思考题

（1）在本示例中，若按钮按住不放会怎样？如何改善？

（2）若同时按住 PB1 和 PB2 两个按钮会怎样？

（3）设计一个四人智力抢答器，主持人宣布开始时，数码管熄灭，当 1 号选手抢答时，数码管显示数字 1，2 号选手抢答时，显示数字 2，以此类推。一个选手抢答时，其他选手无抢答功能，必须主持人按下复位按钮，方可进行下一轮抢答。

 ## 任务评估

任务评估见表 2-1-2。

表 2-1-2　任务评估表

评价项目	评价标准		得　分
硬件设计	掌握七段 LED 数码管的内部连接方式	10 分	
	能按照任务要求，自主设计与绘制 1 位数码管静态显示电路	10 分	
软件设计与调试	理解数码管静态显示的工作原理	20 分	
	能设计程序实现软件去抖动	20 分	
	能编写程序，让数码管静态显示 1 位数字	20 分	
软硬件调试	能按照硬件电路图，完成单片机最小系统与数码管、按钮之间的接线，通电后让数码管显示数字	10 分	
团队合作	各成员分工协作，积极参与	10 分	

学习任务二：日期显示电路的设计与调试

 任务描述

学生根据动态扫描的原理，采用单片机的任意端口，控制一个四连体共阳极数码管，显示日期"2017.12.28"。

 任务目标

（1）掌握七段 LED 数码管模块的内部连接方式。

（2）理解数码管动态扫描的工作原理。

（3）能根据任务要求，设计数码管扫描驱动电路。

（4）能根据动态扫描的原理，自主设计日期显示电路，并编写程序，让数码管仿真显示"2017.12.28"。

（5）能根据电路原理图，完成单片机最小系统与数码管之间的接线，通电后让数码管显示"2017.12.28"。

建议课时：4 课时

 任务分析

日期"2017.12.28"有 8 个数字，因此可以采用两个四连体七段共阳极数码管。数码管有数码端和控制端，分别用单片机的 P2 口和 P3 口进行控制。

 任务实施

一、硬件电路设计

1. 硬件设计思路

在第一个任务中，我们已经介绍过单个七段 LED 数码管及其应用。同时使用多个七段 LED 数码管时，若还是与使用单个七段 LED 数码管一样，将占用较多的元器件与成本，效率也比较低。本任务介绍将多个七段 LED 数码管封装在一起的七段 LED 数码管模块，以及利用人类的视觉暂留现象实现快速扫描的驱动方式。

1）认识七段 LED 数码管模块

七段 LED 数码管模块是把多个位数的七段 LED 数码管封装在一起，其中各位数的 a 引脚都连接到 a 引脚，各位数的 b 引脚都连接到 b 引脚，各位数的 c 引脚都连接到 c 引脚……而每个位数的公共端引脚是独立的。市面上常见的七段 LED 数码管模块有 2 位数、3 位数、4 位数、6 位数、8 位数等。本任务采用的是 4 位数七段 LED 数码管模块，如图 2-2-1 所示，其内部结构图如图 2-2-2 所示。

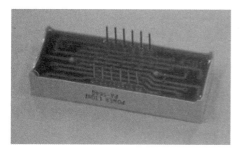

（a）正面　　　　　　　　　　　　　　　　（b）背面

图 2-2-1　4 位数七段 LED 数码管模块

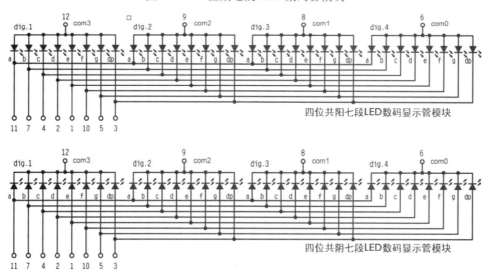

图 2-2-2　4 位数七段 LED 数码管模块内部结构图

很显然，4 位数七段 LED 数码管模块只有 a～g、dp 及 com0～com3 共 12 个引脚，非常简单，如图 2-2-3 所示。

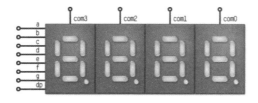

图 2-2-3　4 位数七段 LED 数码管模块的引脚

（2）多个七段 LED 数码管的动态扫描

使用 4 位数七段 LED 数码管模块时，数码端 a，b，…，dp 通过 100Ω 限流电阻接单片机的 I/O 口，再用晶体管分别驱动每个七段 LED 数码管的公共引脚 com，如图 2-2-4 所示。

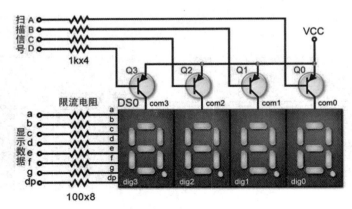

图 2-2-4　4 位数七段 LED 数码管的连接方式

其显示方式是将第 1 个七段 LED 数码管所要显示的数据送到 a、b、…、dp 总线上，然后将 1110 扫描信号送到 4 个晶体管的基极，即可显示第 1 个七段 LED 数码管；若要显示第 2 个七段 LED 数码管，同样是将要显示的数据送到 a，b，…，dp 总线上，然后将 1101 扫描信号送到 4 个晶体管的基极；若要显示第 3 个七段 LED 数码管，同样是将所要显示的数据送到 a，b，…，dp 总线上，然后将 1011 扫描信号送到 4 个晶体管的基极；若要显示第 4 个七段 LED 数码管，同样是将所要显示的数据送到 a，b，…，dp 总线上，然后将 0111 扫描信号送到 4 个晶体管的基极。扫描一圈后，再从头开始扫描。这种轮流扫描方式，称为动态扫描。

在动态扫描中，每个数码管的点亮时间为 1～2ms，由于人的视觉暂留现象及发光二极管的余晖效应，尽管实际上各个数码管不是同时点亮的，但只要扫描的速度够快，给人的印象就是一组稳定显示的数据，不会有闪烁感。动态显示的效果和静态显示是一样的，它能够节省大量的 I/O 端口（如 4 位数码管，利用动态扫描显示只需 12 个引脚，而静态显示方法则要用到单片机的 32 个引脚），而且功率更低。

由此可知，以扫描方式驱动多个并接的七段 LED 数码管时，驱动信号包括显示数据与扫描信号。显示数据是所要显示的驱动信号编码，与驱动单位数七段 LED 数码管一样，扫描信号就像开关，用以决定驱动哪一个位数。扫描信号也分为高电平扫描与低电平扫描两种，与电路结构有关。以图 2-2-4 为例，扫描信号分别接入 Q0～Q3 PNP 晶体管的基极，其中低电平者将使其所连接的晶体管导通，其所驱动的位数才可能显示，称为低电平扫描。若 Q0～Q3 为 NPN 晶体管，且 C、E 对调，则需高电平信号才能使晶体管导通（不是很好的设计），称为高电平扫描。一般低电平扫描较常见。

2．硬件电路原理图

根据任务分析及设计思路，画出日期显示电路的原理图，如图 2-2-5 所示。P0 端口通过 100Ω 限流电阻连接四连体共阳极数码管，P3 端口作为数码管的驱动端口，采用

2N3906 PNP 三极管做驱动器。另外，请注意，在 Proteus 仿真电路中，数码管驱动端口要接下拉电阻，但是实际电路中不需要接。

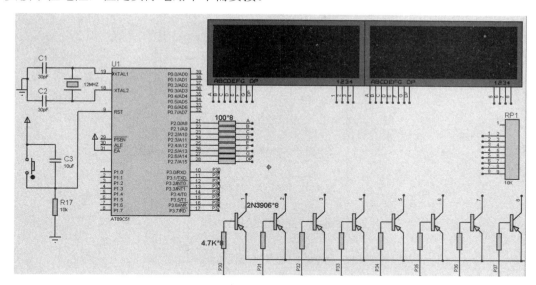

图 2-2-5　日期显示电路原理图

根据电路原理图，确定本任务所需要的元器件清单，见表 2-2-1。

表 2-2-1　日期显示电路元器件清单

序　号	名　　称	型　　号	数量（个）
1	单片机	AT89C51	1
2	四连体共阳极数码管	7SEG-MPX4-CA	2
3	电阻：RES	100Ω	8
		4.7kΩ	8
		10kΩ	8
4	排阻：RESPACK-8	10kΩ	1
5	PNP 三极管	2N3906	1
6	电容：CAP	10μF	1
		30pF	2
7	晶体振荡器：CRYSTAL	12MHz	1
8	按钮开关：BUTTON	不带自锁	1

打开 Proteus 仿真软件，根据原理图及元器件清单，绘制日期显示电路原理图。

二、软件设计与调试

1．软件设计思路

根据任务分析可知，整个扫描过程分为 8 个阶段，具体如下。

第一阶段：第一个数码管显示 2，因此片选信号要选择第一个数码管，扫描信号为11111110（低电平扫描方式），通过 P3 口输出，延时 2ms 即可。

第二阶段：第二个数码管显示 0，因此片选信号要选择第二个数码管，扫描信号为 11111101，通过 P3 口输出，延时 2ms 即可。

第三至第八阶段扫描过程一样，只是显示的数字及扫描信号不一样而已。读者可以自己慢慢研究。

2. 绘制程序流程图

有了设计思路后，可以将思路转换成流程图，如图 2-2-6 所示。

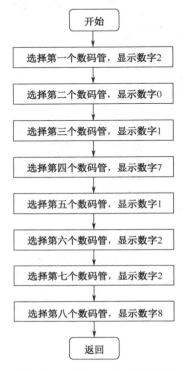

图 2-2-6　日期显示程序流程图

3. 编写程序

根据流程图编写的程序如下：

```
#include<reg51.h>          //定义寄存器的头文件
#define shuma P2           //定义数码端接P2
#define xuanze P3          //定义控制端接P3
delay(int);                //声明延时函数
//========主程序===================================
main()
{    shuma=0xff;
while(1)
{ xuanze=0xfe;             //选择第1个数码管
shuma=0xa4;                //显示数字2
delay(2);                  //延时2ms
shuma=0xff;                //熄灭数字2
```

```
xuanze=0xfd;                    //选择第2个数码管
shuma=0xc0;                     //显示数字0
delay(2);                       //延时2ms
shuma=0xff;                     //熄灭数字0
xuanze=0xfb;                    //选择第3个数码管
shuma=0xf9;                     //显示数字1
delay(2);                       //延时2ms
shuma=0xff;                     //熄灭数字1
xuanze=0xf7;                    //选择第4个数码管
shuma=0x78;                     //显示数字7
delay(2);                       //延时2ms
shuma=0xff;                     //熄灭数字7

xuanze=0xef;                    //选择第5个数码管
shuma=0xf9;                     //显示数字1
delay(2);                       //延时2ms
shuma=0xff;                     //熄灭数字1
xuanze=0xdf;                    //选择第6个数码管
shuma=0x24;                     //显示数字2
delay(2);                       //延时2ms
shuma=0xff;                     //熄灭数字2
xuanze=0xbf;                    //选择第7个数码管
shuma=0xa4;                     //显示数字2
delay(2);                       //延时2ms
shuma=0xff;                     //熄灭数字2
xuanze=0x7f;                    //选择第8个数码管
shuma=0x80;                     //显示数字8
delay(2);                       //延时2ms
shuma=0xff;                     //熄灭数字8


}
}
//============================延时函数========================
delay(int x)
{ int i, j;
for(i=0;i<x;i++)
for(j=0;j<120;j++);
}
```

4．编译程序

在编辑窗口输入源代码后，单击左上方的 ▤ 按钮即可进行编译与连接，输出窗口
显示"0 个错误，0 个警告"，表明没有语法错误，可以调试。

5．调试仿真程序

在 Proteus 软件中进行仿真，把 HEX 文件加入单片机，单击仿真按钮，即可看到 P2
口所接的两个数码管显示"2017.12.28"，如图 2-2-7 所示。

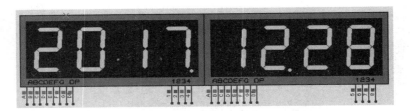

图 2-2-7　日期显示电路仿真效果图

6．在开发板上实现的效果

把单片机放入 40DIP 插座中，并卡住。然后用排线把单片机的 P2 和 P3 口与四连体七段 LED 数码管相连，启动 STC 单片机程序下载软件，下载完成后，即可看见开发板上的数码管显示数字"2017.12.28"，如图 2-2-8 所示，实现了该任务的要求。

图 2-2-8　日期显示电路效果图

 思考题

（1）任务中的程序编写采用的是最直接的传送方式，能否用查表方式编写程序，或用 case 指令编写？

（2）如果把任务中的共阳极数码管改为共阴极数码管，如何修改程序？

（3）如果只用一个四连体七段 LED 数码管，利用分屏的形式显示"2017.12.28"，如何修改程序？

 **任务评估**

任务评估见表 2-2-2。

表2-2-2　任务评估表

评 价 项 目	评 价 标 准		得　　分
硬件设计	掌握七段 LED 数码管模块的内部连接方式	10 分	
	能设计数码管扫描驱动电路	10 分	
软件设计与调试	理解数码管动态扫描的工作原理	20 分	
	能自主编写程序，让数码管仿真显示"2017.12.28"	40 分	
软硬件调试	能根据电路原理图，完成单片机最小系统与数码管之间的接线，通电后让数码管显示"2017.12.28"	10 分	
团队合作	各成员分工协作，积极参与	10 分	

学习任务三：中断的设计与调试

 任务描述

P0 口接八个流水灯，效果为流水灯一个一个依次亮，直至全亮。按下外部中断按钮，自动执行中断子程序，效果为 P1 口接的流水灯两个两个亮，直至全亮。待完成后，自动返回主程序。

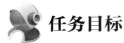 **任务目标**

（1）了解 51 单片机的中断功能。

（2）理解中断的工作原理。

（3）能设置中断向量、中断寄存器，在 C 语言程序里启用中断功能，并编写单一外部中断、两个外部中断和中断嵌套的程序。

建议课时：6 课时

 任务分析

中断是暂时停下目前所执行的程序，先去执行中断子程序，待完成中断子程序后，再返回刚才停下的程序。根据任务描述，本任务可以利用外部中断原理完成。

 **任务实施**

一、硬件电路设计

1. 硬件设计思路

根据任务分析，P0 口外接限流电阻加八个发光二极管，P1 口也是外接限流电阻加八个发光二极管，P3.2 是外部中断 0 的按钮。

2. 硬件电路原理图

根据任务分析及设计思路，画出单一外部中断的电路原理图，如图 2-3-1 所示。

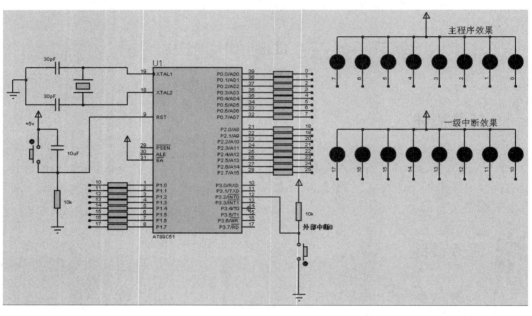

图 2-3-1　单一外部中断电路原理图

根据电路原理图，确定本任务所需要的元器件清单，见表 2-3-1。

表 2-3-1　单一外部中断元器件清单

序　号	名　　称	型　　号	数量（个）
1	单片机	AT89C51	1
2	彩灯：LED	—	16
3	电阻：RES	100Ω	16
		10kΩ	2
4	按钮：BUTTON	不带自锁	2
5	电容：CAP	10μF	1
		30pF	2
6	晶体振荡器：CRYSTAL	12MHz	1

打开 Proteus 仿真软件，根据原理图及元器件清单，绘制单一外部中断的电路原理图。

二、软件设计与调试

1. 软件设计思路

根据任务分析可知，在主程序中，先设置中断，然后 P0 口的灯一个一个亮，直至全亮。在中断子程序中，P1 口的灯两个两个亮，直至全亮后，即可返回主程序。

2. 绘制程序流程图

有了设计思路后，可以将思路转换成流程图，如图 2-3-2 所示。

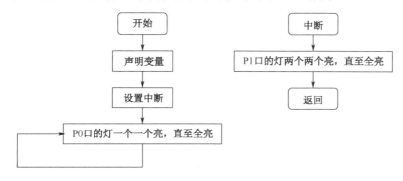

图 2-3-2　单一外部中断流程图

3. 编写程序

根据流程图编写的程序如下：

```c
#include<reg51.h>              //定义寄存器的头文件
#define led0 P0                //定义主程序的灯led0接P0
#define led1 P1                //定义外部中断0子程序的灯led1接P1
delay(int);                    //声明延时函数
char code tab1[ ]={0x7f,0x3f,0x1f,0x0f,0x07,0x03,0x01,0x00,0xff};
char code tab2[ ]={0x3f,0x0f,0x03,0x00,0xff};
//=========主程序=======================================
main( )
{
int k;
EA=1;                          //中断总开关
EX0=1;                         //外部中断0开关
IT0=1;                         //外部中断0设为负边沿触发
while(1)
{
for(k=0;k<9;k++)
{ led0=tab1[k];
delay(500);
}
}
}
```

```
//=====================外部中断0子程序====================
void zhongduan1(void) interrupt 0
{
int m;
for(m=0;m<5;m++)
{ led1=tab2[m];
delay(500);
}
}
//==============延时函数=========================
delay(int x)
{ int i, j;
for(i=0;i<x;i++)
for(j=0;j<120;j++);
}
```
----

4. 编译程序

在编辑窗口输入源代码后，单击左上方的 🖬 按钮即可进行编译与连接，输出窗口显示"0 个错误，0 个警告"，表明没有语法错误，可以调试。

5. 调试仿真程序

在 Proteus 软件中进行仿真，把 HEX 文件加入单片机，单击仿真按钮，即可看到 P0 口的灯一个一个亮，直至全亮，反复循环。如果按下外部中断 0 按钮，则 P1 口的灯两个两个亮，直至全亮后自动回到主程序。

思考题

设计一个一级中断程序。主程序效果为 P1 口的七段数码管从 0 开始，每隔 0.5s 加 1，直至 9，反复循环。若按下 INT1 按钮，则进入中断 1 状态，数码管从 9 开始，每隔 0.5s 减 1，直至 0 后回到主程序。

知识点提升

一、两个外部中断

上述任务的程序设计只采用了外部中断 0。其实，在现实生活中，经常同时使用外部中断 0 和中断 1，以提高工作效率。现在，编者增加外部中断 1。要求主程序效果是 P0 口接的八个流水灯一个一个依次亮，直至全亮。如果按下外部中断 0 按钮，则 P1 口接的灯两个两个亮，直至全亮；如果按下外部中断 1 按钮，则 P2 口接的灯高低位交替闪烁两次。二级中断电路原理图如图 2-3-3 所示。

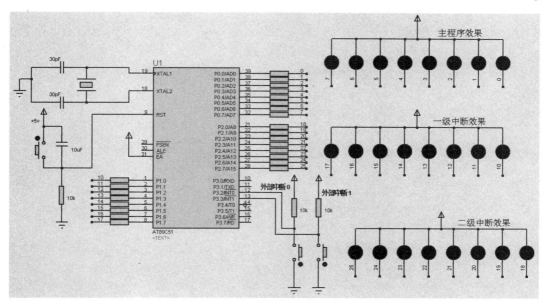

图 2-3-3　二级中断电路原理图

应用两个外部中断的程序如下：

```
#include<reg51.h>              //定义寄存器的头文件
#define led0 P0                //定义主程序的灯led0接P0
#define led1 P1                //定义外部中断0子程序的灯led1接P1
#define led2 P2                //定义外部中断1子程序的灯led2接P2
delay(int);                    //声明延时函数
char code tab1[ ]={0x7f, 0x3f, 0x1f, 0x0f, 0x07, 0x03, 0x01, 0x00, 0xff};
                               //主程序的灯饰效果
char code tab2[ ]={0x3f, 0x0f, 0x03, 0x00, 0xff};
                               //外部中断0程序的灯饰效果
char code tab3[ ]={0x0f, 0xf0, 0x0f, 0xf0, 0xff};
                               //外部中断1程序的灯饰效果
//=========主程序=========================================
main( )
{
int k;
EA=1;                          //中断总开关
EX0=1;                         //外部中断0开关
IT0=1;                         //外部中断0设为负边沿触发
EX1=1;                         //外部中断1开关
IT1=1;                         //外部中断1设为负边沿触发
while(1)
{
for(k=0;k<9;k++)
{ led0=tab1[k];
delay(500);
```

```
    }
    }
    }
//=====================外部中断0子程序=======================
void zhongduan0(void) interrupt 0
{ int m;
for(m=0;m<5;m++)
{ led1=tab2[m];
delay(500);
}
}
//=====================外部中断1子程序=======================
void zhongduan1(void) interrupt 2
{ int n;
for(n=0;n<5;n++)
{ led2=tab3[n];
delay(500);
}
}
//=========延时函数===============================
delay(int x)
{ int i, j;
for(i=0;i<x;i++)
for(j=0;j<120;j++);
}
```

二、设置中断优先级

在调试上述程序时发现，不能从外部中断 0 进入外部中断 1，必须等外部中断 0 执行完毕后才能进入外部中断 1。如果要使外部中断 0 能进入外部中断 1，必须设置中断优先级，使外部中断 1 的优先级高于外部中断 0，只需要在主程序中设置 PX1=1，即可实现中断嵌套。具体的仿真效果请读者自行调试。

思考题

若希望 INT0 中断的优先级高于 INT1，应如何修改？

知识点链接

中断（interrupt）是暂时停下目前所执行的程序，先去执行特定的程序（即中断子程序），待完成特定的程序后，再返回刚才停下的程序，如图 2-3-4 所示。譬如，老师正在讲课，而学生有疑问随时都可举手发问，老师将立即暂停课程进度，先为学生解惑，再继续刚才暂停的课程。这就是中断。

为什么要中断？就是为了提高效率。中断能提高效率？试想若不立即提出问题并得到及时的答复，待老师授课完毕，可能学生要问的问题早就忘记了，同时也失去兴趣了。当然，老师也不能整天待在教室，课也不上，就等待学生提问题。所以，采取"中断"方式授课，既能保持进度，又能满足学生的需求，当然比较有效率。8051 的中断也是这个道理。

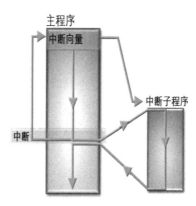

图 2-3-4　中断流程

一、8051 的中断

8051 提供了 5 个中断服务，即外部中断 INT0、外部中断 INT1、定时器/计数器中断 T0、定时器/计数器中断 T1 和串行口中断 UART，如图 2-3-5 所示。

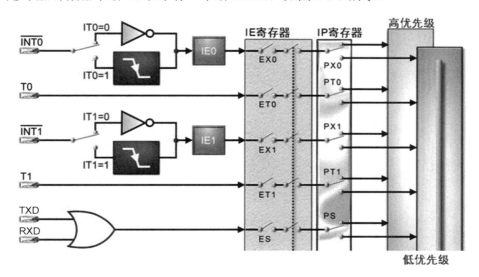

图 2-3-5　8051 中断控制系统

1．外部中断

外部中断有 INT0 与 INT1 两个，CPU 通过 $\overline{INT0}$（P3.2 复用引脚）及 $\overline{INT1}$（P3.3 复用引脚）即可接收外部中断的请求。

外部中断信号的采样方式可分为电平触发（低电平触发）及边沿触发（负边沿触发）

两种。若要采用电平触发，必须将 TCON 寄存器（稍后介绍）中的 IT0（或 IT1）设置为 0，则 $\overline{INT0}$ 引脚（或 $\overline{INT1}$ 引脚）为低电平，即视为外部中断请求。

若要采用边沿触发，必须将 TCON 寄存器中的 IT0（或 IT1）设置为 1，则 $\overline{INT0}$ 引脚（或 $\overline{INT1}$ 引脚）的信号由高电平转为低电平的瞬间，将视为外部中断请求。

这些中断请求将反映在 IE0（或 IE1）里，若 IE 寄存器的 EX0（或 EX1）=1 且 EA=1，CPU 将进入该中断的服务。至于中断优先级寄存器（IP 寄存器），只是安排多个中断发生时中断服务执行的顺序而已，若只有一个中断，将不会受影响。

2．定时器/计数器中断

定时器/计数器中断有 T0 和 T1 两个。若是定时器，CPU 将计数内部的时钟脉冲，提出内部中断；若是计数器，CPU 将计数外部的脉冲，提出内部中断。至于外部脉冲的输入，则通过 T0 引脚（P3.4 复用引脚）及 T1 引脚（P3.5 复用引脚）。关于定时器/计数器，下一个任务再详细说明。

3．串行口中断

串行口中断（UART）有 RI 和 TI 两个，CPU 通过 RXD 引脚（P3.0 复用引脚）及 TXD 引脚（P3.1 复用引脚）要求接收（RI）中断请求或传送（TI）中断请求。

二、中断寄存器

1．中断使能寄存器 IE

如图 2-3-6 所示，中断使能寄存器 IE 被视为启闭中断功能的开关。它是一个 8 位的可位寻址寄存器。

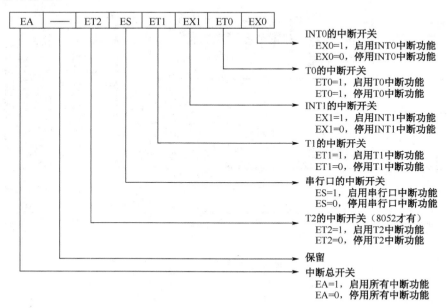

图 2-3-6　IE 寄存器

2．中断优先寄存器 IP

如图 2-3-7 所示，中断优先寄存器 IP 是判断各中断优先级的开关。IP 寄存器是一个

8 位的可位寻址寄存器。

　　在图 2-3-7 中，很明显，IP 寄存器只是决定中断属于高优先级还是低优先级。原本各个中断已有先后之分，其顺序如图 2-3-8 所示。若都没有在 IP 寄存器里设置优先级，则中断的优先级为 INT0>T0>INT1>T1>RI/TI。若将其中任一中断设为高优先级，例如让 PT1=1，则中断的优先级变为 T1>INT0>T0>INT1>RI/TI。如图 2-3-9 所示分别是不同优先级下程序执行的流程。

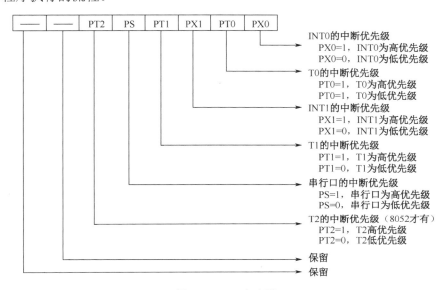

图 2-3-7　IP 寄存器

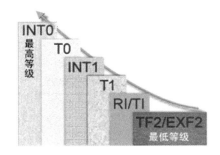

图 2-3-8　自然优先级

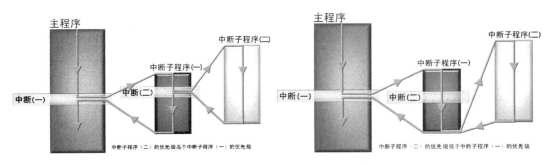

图 2-3-9　不同优先级下程序执行的流程

3. 定时器/计数器控制寄存器 TCON

在定时器/计数器控制寄存器 TCON 里，有部分设置与外部中断信号的采样有关，如图 2-3-10 所示。TCON 寄存器是一个 8 位的可位寻址寄存器。其中 IT0 与 IT1 分别为 INT0 与 INT1 的采样信号设置位。若要采样负边沿触发信号，则可将它们设置为 1；若要采样低电平动作信号，则可将它们设置为 0。至于 IE0 与 IE1 两个位，则是由 CPU 所操作的中断标志，中断发生时，将被设置为 1；中断结束时，将恢复为 0。

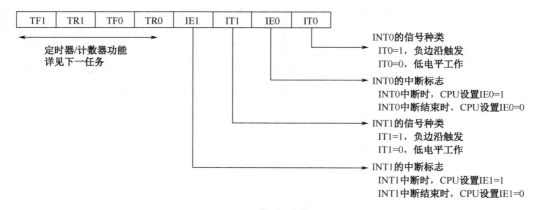

图 2-3-10　TCON 寄存器

三、中断向量

中断向量见表 2-3-2。当发生中断时，程序将跳至中断向量地址，执行该位置上的程序。对于 C 语言的程序而言，大可不必知道其真实位置，程序设计者只要知道发生中断时将会执行中断子程序即可。当然，必须明确定义该中断子程序属于哪个中断，稍后还会说明这个问题。

表 2-3-2　中断向量表

中 断 编 号	中断源名称	中断向量地址
0	第一个外部中断 INT0	0x0003
1	第一个定时器/计数器中断 T0	0x000B
2	第二个外部中断 INT1	0x0013
3	第二个定时器/计数器中断 T1	0x001B
4	串行口中断 RI/TI	0x0023

四、中断的应用

中断的应用包括中断设置及中断子程序的编写。

1. 中断设置

中断设置包括开启中断开关（即 IE 寄存器的设置）、中断优先级的设置（即 IP 寄存器的设置）、中断信号的设置（即 TCON 寄存器的设置）等。例如，要同时开启 INT0 和

INT1 开关，触发方式为负边沿触发，INT1 的优先级高于 INT0，设置如下：

```
IE=0x84;        //启用总开关、INT0、INT1开关
IT0=1;          //外部中断0设为负边沿触发
IT1=1;          //外部中断1设为负边沿触发
IP=0x84;        //INT1的优先级高于INT0
```

或者可以直接用置 1 指令，一目了然，方便理解，设置如下：

```
EA=1;           //启用中断总开关
EX0=1;          //启用外部中断0开关
IT0=1;          //外部中断0设为负边沿触发
EX1=1;          //启用外部中断1开关
IT1=1;          //启用外部中断1并设为负边沿触发
PX1=1;          //INT1的优先级高于INT0
```

2. 中断子程序

中断子程序是一种特殊的子程序（函数），其第一行的格式为

```
void  中断子程序名称（void）interrupt 中断编号
```

例如，要定义一个 INT1（中断编号为 2）的中断子程序，其名称为 zhongduan1，则中断子程序的第一行应为 void zhongduan1（void）interrupt 2。紧接着在一对大括号中编写此中断子程序的内容，与一般函数类似，稍后介绍。

任务评估

任务评估见表 2-3-3。

表 2-3-3　任务评估表

评 价 项 目	评 价 标 准		得　　分
硬件设计	能按照任务要求，自主设计外部中断电路图	10 分	
	能用 Proteus 软件熟练绘制外部中断原理图	10 分	
软件设计与调试	了解 51 单片机的中断功能	10 分	
	理解中断的工作原理	10 分	
	能设置中断向量、中断寄存器的值	20 分	
	能编写单一外部中断、两个外部中断和中断嵌套的程序	20 分	
软硬件调试	能按照原理图，正确完成单片机开发板各电子元器件的接线，并按照任务要求进行调试	10 分	
团队合作	各成员分工协作，积极参与	10 分	

学习任务四：数字钟的设计与调试

 任务描述

　　制作 24 小时制的数字钟，并且用数码管显示数字。该数码管从左边开始的第 1 位和第 2 位显示 00～23，24 时后清零；第 3 位显示"-"；第 4 位和第 5 位显示 00～59，60 分后清零；第 7 位和第 8 位显示 00～59，60 秒后清零。该数字钟还具有调整功能，按下总设置按钮时，数字钟停止计时；按下时调整按钮时，每按一次，时加 1，加至 24 时，自动清零；按下分调整按钮时，每按一次，分加 1，加至 60 分，自动清零；当时、分都设置完毕时，再按下总设置按钮，数字钟从设置好的时间开始计时。

 任务目标

　　（1）了解 8051 定时器/计数器的结构及四种工作方式。
　　（2）能设置中断向量和计数器初始值。
　　（3）能理解 8051 定时器/计数器的工作原理，并能正确使用中断方式、查询方式、计数方式产生 1s 定时。
　　（4）能自主设计数字钟电路，并利用定时器的原理，编程实现 24 小时制的数字钟。
　　（5）能按照电路原理图，完成单片机最小系统与按钮、数码管之间的接线，通电后，数字钟按照要求工作。
　　建议课时：18 课时

 任务分析

　　数字钟的显示模式为时-分-秒，共需 8 个数码管，因此可采用两个共阳极四连体 LED 数码管模块显示时分秒，可利用单片机的定时器原理产生定时。

 任务实施

一、硬件电路设计

1. 硬件设计思路

　　两个共阳极四连体 LED 数码管模块显示数字钟的时分秒，数码管的数码端通过限流电阻接至单片机的 P2 口，控制端通过 8 个 PNP 三极管组成的驱动电路接至单片机的 P3

口。驱动电路和显示电路在任务二中已详细解释，在此不再说明。时钟总设置按钮接至
P1.7 口，时设置按钮接至 P1.6 口，分设置按钮接至 P1.5 口。

2．硬件电路原理图

根据任务分析及硬件设计思路，数字钟的电路原理图如图 2-4-1 所示。仿真电路数
码管控制端加排阻，实物不用。

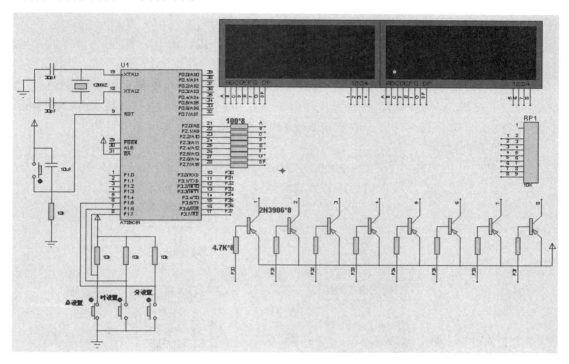

图 2-4-1　数字钟电路原理图

根据电路原理图，确定本任务所需要的元器件清单，见表 2-4-1。

表 2-4-1　数字钟电路元器件清单

序　　号	名　　称	型　　号	数量（个）
1	单片机	AT89C51	1
2	四连体共阳极数码管	7SEG-MPX4-CA	2
3	电阻：RES	100Ω	8
		4.7kΩ	8
		10kΩ	11
4	排阻：RESPACK-8	10kΩ	1
5	PNP 三极管	2N3906	1
6	电容：CAP	10μF	1
		30pF	2
7	晶体振荡器：CRYSTAL	12MHz	1
8	按钮开关：BUTTON	不带自锁	4

打开 Proteus 仿真软件，根据原理图及元器件清单，绘制数字钟电路原理图。

二、软件设计与调试

数字钟的秒表每一秒加 1，加到 60 秒后清零，因此在程序设计中首先要设计一个 1s 定时器。在此，编者采取循序渐进的方法，先讲授 1s 定时器的编程思路，在此基础上学习 60s 秒表，最后过渡到数字钟。

1．1s 定时器的设计

为了了解定时器的应用，我们可以利用最简单的电路，由 P2 口驱动 8 个 LED，每隔 1s，高四位和低四位的 8 个灯交替闪烁一次。

程序设计方面是采用定时器 0、方式 1。方式 1 工作时，每次最多可计数 65536，约 65ms，不够 1s。因此，可以设计每次计数 50000，则为 50ms，重复计数 20 次为 50ms×20=1000ms，等于 1s。1s 到，取反高低位 LED 的状态，即可实现实验目的。

初始值设置如下：

T0 的高八位 TH0=（65536-50000）/256，T0 的低八位 TL0=（65536-50000）%256

有了设计思路后，可以将思路转换成流程图，如图 2-4-2 所示。

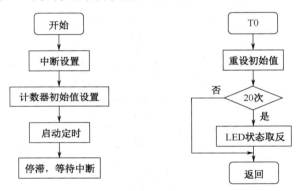

图 2-4-2　中断方式产生 1s 定时流程图

以中断方式产生 1s 定时的程序如下：

```
//======声明区=========================================
#include<reg51.h>
#define led P2                      //定义LED灯接P2口
int sec20=0;                        //用来存放50ms的次数，初始值为0
//=============主程序===================================
main( )
{
THO=(65536-50000)/256;             //定时器高8位的初始值
TLO=(65536-50000)%256;             //定时器低8位的初始值
TMOD=0x01;                          //采用定时器0，方式1
EA=1;                               //打开中断总开关
ETO=1;                              //打开定时器0中断开关
TRO=1;                              //启动定时器0
led=0x0f;                           //LED的初始状态：高4位亮，低4位灭
```

```
    while(1);                        //无限循环
    }
    //===============T0中断子程序=================================
    void onesec(void) interrupt 1    //定时器0中断
    {
    TH0=(65536-50000)/256;           //重新加载初始值,再次计50ms
    TL0=(65536-50000)%256;
    sec20++;                         //每50ms加1
    if(sec20==20)                    //计到20次,即1秒
    {
    led=~led;                        //LED灯的状态取反,实现高低4位灯交替闪烁
    sec20=0;                         //sec20清零
    }
    }
```

定时器的应用可分为查询方式与中断方式,上述任务采取的是中断方式,下面介绍查询方式。若采用查询方式,则不需要中断设置,也不需要中断子程序,只要设置初始值及启动定时器,然后判断定时器的标志位(TF)是否动作,以决定程序流程。

还是以 1s 定时器为例,采用定时器 0、方式 1,每次计数 50000,重复 20 次后取反 LED 状态,不过查询的设置必须注意两点:

(1)可以不开中断总开关和定时器开关;

(2)当定时器的溢出标志位 TF0 变为 1 时,还应使用软件设置"TF0=0",将 TF0 变为 0 后,该定时器才能重新启动。

程序流程图如图 2-4-3 所示。

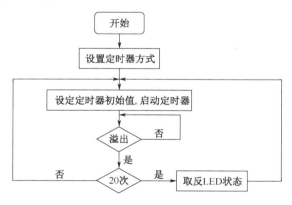

图 2-4-3　查询方式产生 1s 定时流程图

以查询方式实现 1s 定时的程序如下:

```
    //===============声明区=================================
    #include<reg51.h>
    #define led P2                    //定义LED灯接P2口
    int sec20=0;                      //用来存放50ms的次数,初始值为0
    //===============主程序=================================
```

```
main()
{      TH0=(65536-50000)/256;        //定时器设初始值，定时50ms
TL0=(65536-50000)%256;
TMOD=0x01;                          //采用定时器0，工作方式为1
led=0x0f;                           //LED灯的初始状态
TR0=1;                              //启动定时器0
while(1)                            //无限循环
{   if  (TF0==1)                    //溢出标志位TF0=1
{   TF0=0;                          //清除TF0
TH0=(65536-50000)/256;              //重新加载定时器初始值
TL0=(65536-50000)%256;
sec20++ ;                           //每50ms加1
If (sec20==20)                      //1s到
{ sec20=0;                          //sec20清零
led=~led;                           //LED灯状态取反，实现高4位和低4位交替闪烁
}
}
}
}
```

　　当单片机的 P3.4（T0）或者 P3.5（T1）接外部脉冲时，单片机可设置为外部计数器，对外部脉冲进行计数。因此，可利用 Proteus 仿真软件产生一个 10ms 的时钟脉冲，接至 P3.4 口，为了方便观看计数效果，外部脉冲还接有虚拟计数器，如图 2-4-4 所示。计数 100 个脉冲，10ms×100=1000ms，即可产生 1s 定时。计数 100 次，次数较少，计数器可以选择工作方式 2，计数器初始值 TH0=256-100，TL0=256-100。

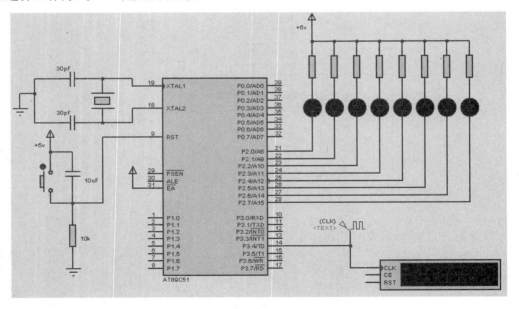

图 2-4-4　带虚拟计数器的 1s 定时电路仿真效果图

　　计数方式产生 1s 定时的程序流程图如图 2-4-5 所示。程序如下：

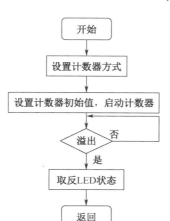

图 2-4-5   计数方式产生 1s 定时程序流程图

```
//==========声明区==============================================
#include<reg51.h>
#define led P2                   //定义LED灯接P2口
//==========主程序==============================================
main()
{    TH0=256-100;               //计数器0初始值
TL0=256-100;
TMOD=0xe0;                      //选择计数器0，方式2
TR0=1;                          //启动计数器0
led=0x0f;
while(1)
{   if(TF0==1)                  //100次到，溢出标志位TF0=1
{   TF0=0;                      //清除TF0，重新开始计数
led=~led;                       //LED灯状态取反
}
}
}
```

综上所述，以中断、查询和计数方式都可以设计 1s 定时器，有异曲同工的效果，其中的编程思路供读者研究比较。

 思考题

（1）任务中所采用的是定时器 T0，若要采用 T1，应如何修改程序？

（2）任务中的流水灯以 1s 交替闪烁，能否设计程序让流水灯以 1s 为间隔，一个一个依次点亮？

2. 60s 定时器的设计

以图 2-4-1 所示的数字钟电路原理图为例，P2 口驱动最右边两个数码管显示秒，P3.6

和 P3.7 控制数码管的十位和个位。利用 T0 作为定时器，两个数码管从"00"开始显示，每 1s 增加 1，到达"59"后，再从"00"开始，也就是 60s 定时器。

60s 定时器的程序设计原理和 1s 定时器一样，只是显示模块从 LED 灯改为数码管，故编写程序时，不仅要编写主程序、中断子程序，还要编写数码管动态扫描程序。程序如下：

```
//============声明区========================================
#include <reg51.h>
#define shuma P2              //定义数码管数码端接P2口
#define xuanze P3             //定义数码管控制端接P3口
char code tab[]={0xc0, 0xf9, 0xa4, 0xb0, 0x99, 0x92, 0x82, 0xf8, 0x80,
0x98};   //0~9的共阳极驱动码
saomiao( );                  //声明扫描函数
delay(int);                  //声明延时函数
int sec20=0;                 //定义50ms的次数初始值为0
int sec=0;                   //定义秒初始值为0
//========================主函数========================
main( )
{
THO=(65536-50000)/256;       //定时器设初始值
TL0=(65536-50000)%256;
TMOD=0x01;                   //设置定时器0的工作方式为1
EA=1;                        //开中断总开关
ET0=1;                       //开定时器0中断开关
TR0=1;                       //启动定时器0
while(1)
{
saomiao( );                  //调用扫描函数
}
}
//=======扫描函数========================================
saomiao( )
{
xuanze=0xbf;                 //选择秒十位
shuma=tab[sec/10];           //显示秒十位数字
delay(2);
xuanze=0x7f;                 //选择秒个位
shuma=tab[sec%10];           //显示秒个位数字
delay(2);
}
//======================定时器0中断子程序===============
void onesec(void) interrupt 1
{   THO=(65536-50000)/256;   //重新加载初始值
TL0=(65536-50000)%256;
sec20++;                     //每50ms加1
if(sec20==20)                //计到20次，即1秒
```

```
{
sec++;                          //秒加1
sec20=0;                        //sec20清零
}
if(sec==60)                     //如果60秒时间到
{
sec=0;                          //秒数清零
}
}
//=======================1ms延时子程序=======================
delay(int x)
{   int i, j;
for(i=0;i<x;i++)
for(j=0;j<120;j++);
}
```

----

3. 数字钟的设计

数字钟的设计是在 60s 定时器的基础上增加时和分的计时。思路和 60s 定时器一致。主程序流程图和 1s 定时器一致，中断子程序流程图如图 2-4-6 所示。程序如下：

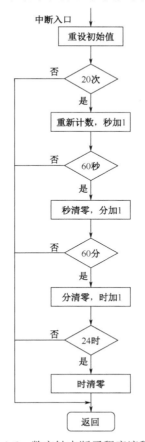

图 2-4-6　数字钟中断子程序流程图

```
//===========声明区============================================
#include <reg51.h>
#define shuma P2              //定义数码管数码端接P2口
#define xuanze P3             //定义数码管控制端接P3口
char code tab[]={0xc0, 0xf9, 0xa4, 0xb0, 0x99, 0x92, 0x82, 0xf8, 0x80,
0x98};    //0~9的共阳极驱动码
saomiao( );                   //声明扫描函数
delay(int);                   //声明延时函数
int sec20=0;                  //定义50ms的次数初始值为0
int sec=0;                    //定义秒初始值为0
int min=59;                   //定义分初始值为59
int hour=59;                  //定义时初始值为59
//=========================主函数============================
main( )
{
TH0=(65536-50000)/256;        //定时器设初始值
TL0=(65536-50000)%256;
TMOD=0x01;                    //设置定时器0的工作方式为1
EA=1;                         //开中断总开关
ET0=1;                        //开定时器0中断开关
TR0=1;                        //启动定时器0
while(1)
{
saomiao( );                   //调用扫描函数
}
}
//===========扫描函数============================================
saomiao( )
{ xuanze=0xfe;                //选择时十位
shuma=tab[hour/10];           //显示时十位
delay(2);
shuma=0xff;
xuanze=0xfd;                  //选择时个位
shuma=tab[hour%10];           //显示时个位
delay(2);
shuma=0xff;
xuanze=0xfb;
shuma=0xbf;                   //显示-
delay(2);
shuma=0xff;
xuanze=0xf7;                  //选择分十位
shuma=tab[min/10];            //显示分十位
delay(2);
shuma=0xff;
xuanze=0xef;                  //选择分个位
shuma=tab[min%10];            //显示分个位
```

```
delay(2);
shuma=0xff;
xuanze=0xdf;
shuma=0xbf;                    //显示-
delay(2);
shuma=0xff;
xuanze=0xbf;                   //选择秒十位
shuma=tab[sec/10];             //显示秒十位
delay(2);
shuma=0xff;
xuanze=0x7f;                   //选择秒个位
shuma=tab[sec%10];             //显示秒个位
delay(2);
shuma=0xff;
}
//========================定时器0中断子程序====================
void onesec(void) interrupt 1
{   TH0=(65536-50000)/256;     //重新加载初始值
TL0=(65536-50000)%256;
sec20++;                       //每50ms加1
if(sec20==20)                  //计到20次，即1秒
{  sec++;                      //秒加1
sec20=0;                       //sec20清零
}
if(sec==60)                    //如果60秒时间到
{  min++;                      //分加1
sec=0;                         //秒数清零
}
if(min==60)                    //如果60分时间到
{ hour++;                      //时加1
min=0;                         //分数清零
}
if(hour==24)                   //如果24时到
{  hour=0;                     //时清零
}
}
//=====================1ms延时子程序=========================
delay(int x)
{   int i, j;
for(i=0;i<x;i++)
for(j=0;j<120;j++);
}
```

4．带调整按钮的数字钟设计

根据任务描述可知，按下总设置按钮时，数字钟停止计时；按下时调整按钮时，每按一次，时加 1，加至 24 时，自动清零；按下分调整按钮时，每按一次，分加 1，加至

60 分，自动清零；当时、分都设置完毕时，再按下总设置按钮，数字钟从设置好的时间开始计时。因此程序设计时，按下总设置按钮，关掉 T0 定时器（TR0=0），即可关闭定时。调整程序在主程序中编写，如下所示。扫描和中断程序与不带调整按钮的数字钟程序一样，这里不作具体的解释。

```
//==========声明区==================================================
#include <reg51.h>
#define shuma P2                 //定义数码管数码端接P2口
#define xuanze P3                //定义数码管控制端接P3口
char code tab[]={0xc0, 0xf9, 0xa4, 0xb0, 0x99, 0x92, 0x82, 0xf8, 0x80,
0x98};                           //0～9的共阳极驱动码
saomiao( );                      //声明扫描函数
delay(int);                      //声明延时函数
int sec20=0;                     //定义50ms的次数初始值为0
int sec=0;                       //定义秒初始值为0
int min=59;                      //用来存放分钟，初始值为59
int hour=23;                     //用来存放时，初始值为23
sbit  mincon=P1^5;               //分调整按钮
Sbit  hourcon=P1^6;              //时调整按钮
Sbit  set=P1^7;                  //总设置开关
//==============主程序==================================================
main()
{
TH0=(65536-50000)/256;           //定时器设初始值，定时50ms
TL0=(65536-50000)%256;
TMOD=0x01;                       //设置定时器0的工作方式为1
EA=1;                            //开中断总开关
ET0=1;                           //开定时器中断0开关
TR0=1;                           //启动定时
while(1)
{ if (set==1)                    //如果总设置按钮没按
{TR0=1;                          //定时器开
saomiao( );                      //调用扫描
}
If (set==0)                      //如果总设置按钮按下去了
{  TR0=0;                        //关定时器
sec=0;                           //秒清零
saomiao( );                      //调用扫描
If (mincon==0)                   //如果分设置按钮按下去了
{  delay(20);                    //去抖动
saomiao( );
min++;                           //分加1
}
If (hourcon==0)                  //如果时设置按钮按下去了
{  delay(20);                    //去抖动
saomiao( );
```

```
    hour++;                        //时加1
    }
if(min==60)
min=0;                             //60秒清零
    if(hour==24)
    hour=0;                        //24时清零
    }
    }
    }
```

在编辑窗口输入源代码后，单击左上方的 按钮即可进行编译与连接，输出窗口显示"0 个错误，0 个警告"，表明没有语法错误，可以在 Proteus 软件中进行仿真，把 HEX 文件加入单片机，单击仿真按钮，即可看到 P2 口所接的两个四连体数码管最开始显示 23-59-00，并且每隔一秒加 1，如图 2-4-7 所示。

图 2-4-7　数字钟仿真效果图

在开发板上调试，将单片机放入 40DIP 插座中，并卡住。然后用排线把单片机的 P2 和 P3 口与四连体七段 LED 数码管相连，P1 口与按钮调整开关连接，启动 STC 单片机程序下载软件，下载完成后，即可看见开发板上的数字钟正常工作，按下总设置按钮，数字钟停止计时；按时调整按钮，每按一次加 1，直至 24 清零；按分调整按钮，每按一次加 1，直至 60 清零；松开总设置按钮，数字钟按照设置的时间开始工作，实现了该任务的要求，如图 2-4-8 所示。

图 2-4-8　数字钟实物图

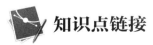 **知识点链接**

定时器/计数器是一种计数器件，若计数内部的时钟脉冲，可视为定时器；若计数外部的脉冲，可视为计数器。定时器/计数器的应用可以用中断方式进行，定时或计数达到

终点即可提出中断，而 CPU 将暂时停下所执行的程序，先去执行特定的程序，待完成特定的程序后，再返回刚才停下的程序。譬如，老师正在讲课，而下课铃响，老师即暂停课程进度，先下课，待上课铃响后再上课，继续刚才暂停的课程。另外，我们也可以以查询方式不断询问计数状态，作为程序流程的判断。

一、定时器/计数器

8051 提供了两个 16 位的定时器/计数器，分别是 T0 和 T1，这两个定时器/计数器可作为内部定时器，也可作为外部计数器。若作为内部定时器，则是计数内部脉冲。以 12MHz 计数时钟脉冲系统为例，该系统产生的脉冲周期约为 1μs。若要定时 1ms，启动定时开关后，系统开始计数内部脉冲，当计到 1000 次时，即可自动产生中断信号，自动执行中断子程序。

若作为外部计数器，则是计数由 T0 或 T1 引脚送入的脉冲。当输入的脉冲个数符合系统要求时，也可产生中断信号，进入中断子程序。

8051 的定时器/计数器可设置成 4 种工作方式，分别是方式 0、方式 1、方式 2 和方式 3，见表 2-4-2。

表 2-4-2　定时器/计数器工作方式

方 式	位 数	计 数 范 围	其 他 功 能
方式 0	13 位	0～8191	
方式 1	16 位	0～65535	
方式 2	8 位	0～255	具有自动加载功能
方式 3	8 位	0～255	

应用定时器/计数器时，除了上一任务介绍的 IE 寄存器、IP 寄存器外，还会使用定时器/计数器方式寄存器（TMOD）、定时器/计数器控制寄存器（TCON）、计数寄存器（THx、TLx），现说明如下。

二、定时器/计数器方式寄存器（TMOD）

定时器/计数器方式寄存器（TMOD）的功能是设置定时器/计数器的工作方式，计数信号源及启动定时器/计数器等。TMOD 方式寄存器是一个 8 位的寄存器，其中高 4 位用以设置 T1 的工作方式，而低 4 位用以设置 T0 的工作方式。具体控制方式如图 2-4-9 所示。

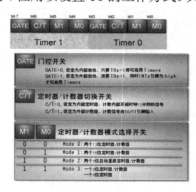

图 2-4-9　TMOD 方式寄存器

M1 及 M0 这两位可设置 4 种工作方式，说明如下。

1. 方式 0

如图 2-4-10 所示，方式 0 工作方式提供两个 13 位的定时器/计数器，计数值分别放置在 THx 和 TLx 两个 8 位的计数寄存器里。其中 THx 放置 8 位，TLx 放置 5 位，如图 2-4-11 所示。

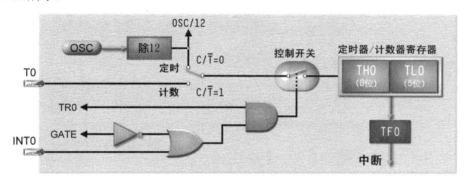

图 2-4-10　方式 0 工作方式

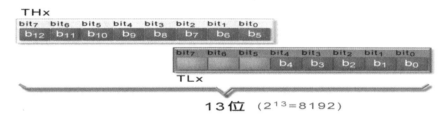

图 2-4-11　方式 0 工作方式的计数值

如图 2-4-10 所示，若要执行定时功能，则将 C/$\overline{\text{T}}$ 位设置为 0，CPU 将计数被除以 12 的系统频率，每个频率为 1μs（系统频率为 12MHz）。若要执行计数功能，则将 C/$\overline{\text{T}}$ 位设置为 1，CPU 将计数从 Tx 引脚输入的脉冲。

定时器/计数器受控制开关的控制，开启这个开关的方法有两种，第一种是外部启动，也就是将 GATE 位设置为 1，再将 TRx 位设置为 1，然后等待 $\overline{\text{INT}}$ 的信号，当 $\overline{\text{INT}}$ 引脚为高电平时，即可启动这个定时器/计数器。第二种是内部启动，也就是将 GATE 位设置为 0，接下来只要将 TRx 位设置为 1，即可启动这个定时器/计数器。

2. 方式 1

如图 2-4-12 所示，方式 1 工作方式提供两个 16 位的定时器/计数器，其计数值分别放置在 THx 与 TLx 两个 8 位的计数寄存器里。其中 THx 放置高 8 位，TLx 放置低 8 位，如图 2-4-13 所示。

此工作方式的定时/计数功能切换方式与方式 0 完全一样，启动方式也一样。对于计数值，方式 1 比方式 0 还大。换言之，方式 1 可以完全代替方式 0，所以，方式 0 很少使用。

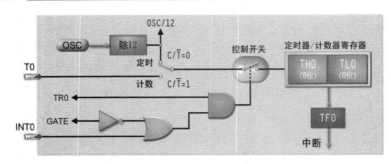

图 2-4-12　方式 1 工作方式

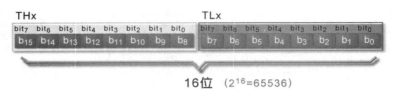

16位　(2^{16}=65536)

图 2-4-13　方式 1 的计数值

3．方式 2

如图 2-4-14 所示，方式 2 工作方式提供两个 8 位可自动加载的定时器/计数器，其计数值放置在 THx 计数寄存器里。当该定时器/计数器中断时，会自动将 THx 计数寄存器里的计数值载入 TLx。由于只有 8 位，因此，其计数范围仅为 0～255。

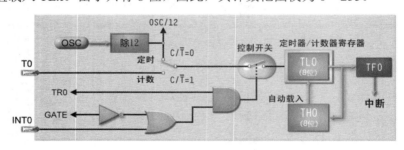

图 2-4-14　方式 2 工作方式

此工作方式的定时/计数功能切换方式与方式 0 完全一样，启动方式也一样，只是计数范围小一点而已。

4．方式 3

如图 2-4-15 所示，方式 3 工作方式是一种特殊的方式，提供一个 8 位的定时器/计数器 T0 和一个 8 位的定时器/计数器 T1，其奇特的结构已不太像真正的 T0 或 T1。

定时器/计数器 T0 由 T0、$\overline{\text{INT0}}$ 引脚、TR0、GATE 位及 TL0 计数寄存器构成，除了不具有自动加载功能外，与方式 2 的 T0 几乎完全一样。

定时器/计数器 T1 由 TR1 位及 TH0 计数寄存器构成，除了不具有计数及自动加载功能外，与方式 2 的 T1 几乎完全一样。

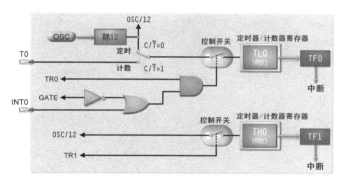

图 2-4-15　方式 3 工作方式

三、定时器/计数器控制寄存器（TCON）

定时器/计数器控制寄存器（TCON）的高 4 位提供定时器/计数器的启动开关及中断标志，如图 2-4-16 所示。

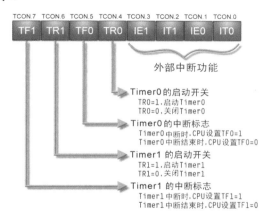

图 2-4-16　TCON 寄存器

四、计数寄存器

8051 的定时器/计数器是一种加 1 计数器，当计数达到上限时，即可产生中断。计数寄存器就像一条跑道，而其终点位置是固定的，要计数多少，就从终点往前推多少，以作为起点。例如，要在 400m 的跑道上举行 100m 的跑步比赛，则从终点（400m）处往前推 100m，也就是 300m 处，作为起跑点。

不同方式的最大计数值各不相同，方式 0 为 8192，方式 1 为 65536，方式 2 及方式 3 为 256。而设置计数值的方式有些差异，说明如下。

方式 0 工作方式下，TLx 计数器只使用 5 位，$2^5=32$，因此要把计数起点的值除以 32，其余数放入 TLx 计数寄存器，商数放入 THx 计数寄存器。例如，要使用 T0 计数 6000，则写入计数寄存器的指令如下：

```
TL0=（8192-6000）%32          //取5位的余数
TH0=（8192-6000）/32;         //取5位的商数
```

方式 1 工作方式下，TLx、THx 计数寄存器各使用 8 位，$2^8=256$，因此要把计数起点的值除以 256，其余数放入 TLx 计数寄存器，商数放入 THx 计数寄存器。例如，要使用 T0 计数 50000，则写入计数寄存器的指令如下：

```
TL0=(65536-50000)%256;        //取8位的余数
TH0=(65536-50000)/256;        //取8位的商数
```

方式 2 工作方式下，只使用 TLx 计数寄存器，但 THx 计数寄存器作为自动加载值，其中都使用 8 位（2^8=256），所以只要把 256 减去计数起点的值，再分别放入 TLx 及 THx 计数寄存器即可。例如，要使用 T0 计数 100，则写入计数寄存器的指令如下：

```
TL0=256-100;        //填写计入值
TH0=256-100;        //填入自动加载值
```

方式 3 工作方式下，使用 TL0 计数寄存器作为第一个定时器/计数器的计数值，而 TH0 计数寄存器作为第二个定时器/计数器的计数值。有使用到的定时器/计数器时才需要填入。例如，只使用第一个定时器/计数器，则只填入 TL0 计数器；若只使用第二个定时器/计数器，则只填入 TH0 计数器；若两个都使用，则分别将值填入 TL0 及 TH0 计数寄存器。而填入 TL0 及 TH0 计数寄存器的方法与方式 2 一样。

五、定时器/计数器的应用

定时器/计数器有两种应用方式，第一种是中断方式，第二种是查询方式。若采用中断方式，则包括 4 个步骤：定时器/计数器中断的设置、计数值的设置、启动定时器/计数器，以及中断子程序的编写。若采用查询方式，则不需要中断设置，也不需要中断子程序，只要设置计数值及启动定时器/计数器，然后就判断定时器/计数器的标志 TFx 是否动作，以决定程序流程。以中断方式为例，其步骤说明如下。

1．中断的设置

中断的设置包括开启中断开关和中断信号的设置。例如，要开启"总开关"和"T0开关"，可以写入以下指令：

```
EA=1;          //开中断总开关
ET0=1;         //开定时器0中断开关
TMOD=0x01;     //设置定时器0的工作方式为1
```

2．计数值的设置

在启动定时器/计数器之前，必须先设置计数值，而设置计数值的方法根据工作方式的不同有所不同。

3．启动定时器/计数器

若采用软件启动，只需要写入如下指令：

```
TR0=1;          //启动T0
```

若要启动 T1，使用 TR1=1 即可。

4．中断子程序

定时器/计数器的中断子程序与任务三的外部中断子程序类似，中断子程序第一行的格式为：

```
void    中断子程序名称（void） interrupt    中断编号
```

其中定时器/计数器的中断编号与外部中断的中断编号不一样，T0 的中断编号为 1，T1 的中断编号为 3。例如，要定义一个 T1 的中断子程序，其名称为"onesecond"，则该中断子程序声明如下：

```
void  onesecond(void) interrupt  3
```

任务评估

任务评估见表 2-4-3。

表 2-4-3　任务评估表

评 价 项 目	评 价 标 准		得　分
硬件设计	了解 8051 定时器/计数器的结构	10 分	
	能自主设计并绘制数字钟电路	10 分	
软件设计与调试	理解 8051 定时器/计数器的工作原理	10 分	
	能根据定时要求，设计计数值并启动定时	10 分	
	能用中断方式、查询方式、计数方式产生 1s 定时	20 分	
	能根据任务要求，设计、编写与调试 24 小时制的数字钟	20 分	
软硬件调试	能按照原理图，正确完成单片机开发板各电子元器件的接线并调试，实现任务要求　　　10 分		
团队合作	各成员分工协作，积极参与	10 分	

知识考核

一、选择题

1. 共阳极七段数码管显示数字 7 的代码是（　　　）。
    A．0xf8   B．0x80   C．0xb0   D．0x3a
2. 共阴极七段数码管的公共端应接（　　　）。
    A．地   B．电源
3. 当我们要设计多位数七段数码管时，其扫描时间间隔大约（　　　）比较合适。
    A．0.45s   B．0.3s   C．0.15s   D．0.015s
4. 与多个单位数七段数码管比较，使用多位数七段数码管的优点是（　　　）。
    A．数字显示好看   B．成本比较低廉
    C．比较高级，电路连接简单
5. 中断功能的好处是（　　　）。
    A．让程序更复杂   B．让程序执行速度更快
    C．让程序更有效率   D．以上皆非
6. 以下表示中断总开关的是（　　　）。
    A．EA   B．EX1   C．ET0   D．EX0
7. 以下表示外部中断 0 允许开关的是（　　　）。
    A．ET1   B．EX1   C．ET0   D．EX0
8. 使外部中断 INT0 为低电平触发的指令是（　　　）。

A. IT0=0 　　　　B. IT0=1 　　　　C. TR1=0 　　　　D. TR0=0

9. 8051 提供（　　）个外部中断和（　　）个定时器/计数器中断。

A. 2，2 　　　　B. 3，6 　　　　C. 2，3 　　　　D. 3，7

10. 定时计数器 0 开始工作的指令是（　　）。

A. TR1=1 　　　　B. TR0=1 　　　　C. TR1=0 　　　　D. TR0=0

11. 定时计数器 1 停止工作的指令是（　　）。

A. TR1=1 　　　　B. TR0=1 　　　　C. TR1=0 　　　　D. TR0=0

12. 定时计数器计数范围是 0～65535 的是（　　）工作方式。

A. 方式 0 　　　　B. 方式 1 　　　　C. 方式 2 　　　　D. 方式 3

13. 定时计数器工作位数是 13 位的是（　　）工作方式。

A. 方式 0 　　　　B. 方式 1 　　　　C. 方式 2 　　　　D. 方式 3

14. 定时计数器 1 溢出标志位是（　　）。

A. EX1 　　　　B. TR0 　　　　C. TF0 　　　　D. EX0

15. 定时计数器具有重装载功能的是（　　）工作方式。

A. 方式 0 　　　　B. 方式 1 　　　　C. 方式 2 　　　　D. 方式 3

二、问答题

1. 在按钮的应用实例中，简述抖动现象和去抖动的方法。

2. 请画出单片机最小系统电路图，并在 P2 口接上一个共阴极数码管，使数码管循环显示 0～9，要求有一定的延时。

3. 在动态扫描中，什么是低电平扫描？什么是高电平扫描？

4. 8051 提供哪些中断？中断向量是什么？

5. 具有中断功能的程序必须包括哪些声明或设置？

6. 8051 系统里，定时器/计数器的四种工作方式中每种方式最多可定时多长时间？

情境 3 轻工 LED 电子显示屏的 设计与调试

 情境介绍

LED 显示屏采用低电压扫描驱动,具有耗电少、使用寿命长、成本低、亮度高、视角大、可视距离大、防水、规格品种多等优点,可以满足各种不同应用场景的需求,发展前景非常广阔。

随着人们生活水平的提高,户外 LED 显示屏将得到广泛应用,如应用于体育馆、机场、车站、银行、医院等公共场所。因此,LED 显示屏的市场前景非常大,会朝着轻、薄、高清、多元化方向发展。

本情境介绍如何用 LED 点阵静态、动态显示广州市轻工技师学院的招生信息,宣传轻工学院的办学特色。

学习任务一:8×8 点阵静态显示系统的设计与调试

任务描述

在 Proteus 仿真软件和单片机开发板上实现 8×8 LED 点阵静态显示汉字及数字,如汉字"王"及数字"3"。

任务目标

（1）能正确认识共阳极和共阴极 8×8 LED 点阵的电路结构。

（2）能掌握 8×8 LED 点阵驱动电路的驱动原理。

（3）能根据要求，在 Proteus 仿真软件中自主设计及绘制 8×8 LED 点阵的电路原理图。

（4）会熟练使用取模软件，完成汉字编码的提取。

（5）能理解 8×8 LED 点阵静态显示的原理，并能正确编程实现 8×8 LED 点阵显示数字及汉字。

（6）能按照原理图，正确完成单片机开发板与 8×8 LED 点阵的接线，调试并实现 8×8 LED 点阵显示汉字及数字。

建议课时：8 课时

任务分析

先了解点阵的电路结构和驱动电路的驱动原理，然后采用 8×8 共阴型 LED 点阵完成任务。单片机 P3 口连接 8×8 LED 点阵的列扫描信号，P2 口连接 8×8 LED 点阵的 8 位行显示信号，利用各引脚输出电位的变化，控制点阵的选位。通过编写程序，让 8×8 LED 点阵静态显示不同的汉字及数字。

任务实施

一、硬件电路设计

1. 硬件设计思路

设计思路：本任务通过 8×8 LED 点阵显示汉字，因此，要先了解 8×8 LED 点阵的内部结构及行、列信号的连接方法。此外，8951 的输出电流很小，很难直接驱动 LED 点阵，要加驱动电路才行。现分别介绍 8×8 LED 点阵的内部结构和驱动电路。

（1）8×8 LED 点阵的内部结构

所谓 LED 点阵是将多个 LED 以矩阵形式排列成为一个元件，其中各 LED 的引脚做规律性连接。按连接方式，8×8 LED 点阵分为共阳型及共阴型两种，如图 3-1-1 所示。

对于共阳型 8×8 LED 点阵而言，每列 LED 的阳极连接在一起，即为列引脚（column）。每行 LED 的阴极连接在一起，即为行引脚（row）。

若要点亮其中的 LED，则列的信号与行的信号要有交集。例如，要使第 1 列、第 2 行的 LED 亮，则必须将第 1 列引脚接到电源（VCC），第 2 行引脚接地，才能形成一个正向回路，该 LED 才会亮。送到列引脚的信号为扫描信号，8 个列信号中只有一个为高电平，其余为低电平，称为高电平扫描。换言之，任何时刻，只有一列 LED 可能会亮。而所要点亮的信号则由行引脚送入低电平信号。当信号切换的速度够快时，我们将感觉到整个 LED 点阵是亮的，而不只亮其中一列。

若连接到列引脚的是 LED 的阴极，则称为共阴型 LED 点阵。若要点亮这种 LED 点阵，其列引脚必须采用低电平扫描，而行引脚则为高电平信号。

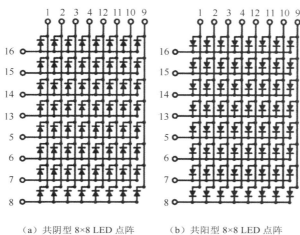

（a）共阴型 8×8 LED 点阵 　　　　（b）共阳型 8×8 LED 点阵

图 3-1-1　8×8 LED 点阵的内部连接方式

（2）8×8 LED 点阵的驱动电路

若要正向点亮一个 LED，至少需要 10～20mA 电流，如果电流不够大，则 LED 不够亮。而不管是 8951 的输入/输出端口，或是 TTL、CMOS 的输出端，其高电平输出电流都很小（数十到数百微安），很难直接驱动 LED，这时就需要额外的驱动电路。一般来说，LED 点阵的驱动电路包括两组信号，即扫描信号和显示信号。在此分别针对共阳型与共阴型 LED 点阵介绍两种驱动电路。

① 共阴型低电平扫描、高电平显示信号驱动电路。

图 3-1-2 为共阴极型电平扫描、高电平显示信号驱动电路。这种扫描方式在任何时刻只有一个低电平信号，其他为高电平。一列扫描完成后，再把低电平信号转到邻近列。扫描信号经限流电阻连接到 PNP 晶体管的基极。晶体管的集电极接地，射极则连 LED 点阵的列引脚。若要同时点亮该列里的 7 个 LED，则该晶体管必须提供 140～210mA 射极电流，常用的 CS9015、2N3906、2SA684 三极管可达到这个要求。

显示信号各经一个 1.5kΩ 限流电阻送入 NPN 晶体管的基极，为了提供足够大的电流，每个显示信号各接一个 10kΩ 上拉电阻。每个 NPN 晶体管的集电极连接 VCC，射极输出经一个 100Ω 限流电阻连接到 LED 点阵的行引脚。对于高电平的显示信号，常用的小型 NPN 晶体管（如 CS9013、2N3904 等）具有 100 倍以上的电流增益，足以点亮一个 LED。

例如，扫描信号为 11011。在 Col.3 列中，所有 LED 的阴极为低电平；显示信号为 0101010，Row 2、Row 4、Row 6 为高电平。两组信号有交集，所以 Col.3 列里的 Row 2、Row 4、Row 6 三个 LED 正向导通点亮。

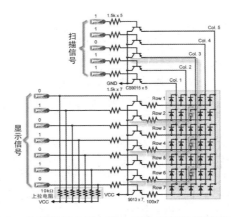

图 3-1-2　共阴型低电平扫描、高电平显示信号驱动电路

② 共阳型高电平扫描、高电平显示信号驱动电路。

图 3-1-3 所示是共阳型高电平扫描、高电平显示信号驱动电路，这种驱动电路采用高电平扫描（任何时刻只有一列为高电平信号）。一列扫描完成后，再把高电平信号转到邻近的其他列。扫描信号连接到一个 NPN 晶体管的基极。同样，这个晶体管可能要提供 7 个 LED 同时亮的驱动电流（140～210mA）。因此，在 8951 的输出端口上必须连接 10kΩ 的上拉电阻，而所使用的晶体管可选用一般的 NPN 晶体管（如 CS9013、2SC1384、2N3053 等）。当高电平的扫描信号输入后，即可产生晶体管的基极电流，放大后的射级电流流入 LED 的阳极，该列中的 LED 将具备点亮的条件。

显示信号各经一个反相驱动器（如 ULN2003/ULN2803），再经限流电阻接到 LED 点阵的行引脚。对于高电平的显示信号，经反相驱动器后（变为低电平）即可吸取所连接 LED 的驱动电流，从而形成正向回路以点亮该 LED。虽然其中每个反相驱动器在任何时刻只负责驱动一个 LED，对于 ULN2003/ULN2803 而言有点大材小用，但使用这个 IC 比使用 7 个晶体管还简单。

例如，扫描信号为"10000"。在 Col.5 列中，所有 LED 的阴极为高电平。显示信号为"1000010"，Row 1、Row 6 为高电平。两组信号有交集，所以 Col.5 列里的 Row 1、Row 6 两个 LED 正向导通点亮。

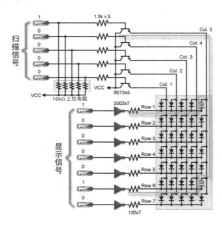

图 3-1-3　共阳型高电平扫描、高电平显示信号驱动电路

2．硬件电路原理图

根据 8×8 LED 点阵的结构及驱动电路的连接方式，本任务选择 8951 的 P2 口作为点阵的列扫描端口，实现行扫描信号的控制。选择 P3 口作为点阵的行显示信号的端口，来控制点阵显示的数据。综上分析，得到 8×8 LED 点阵显示电路原理图，如图 3-1-4 所示。注意：LED 刚调出来，上下是反的，要旋转。因仿真，驱动电路已省略。

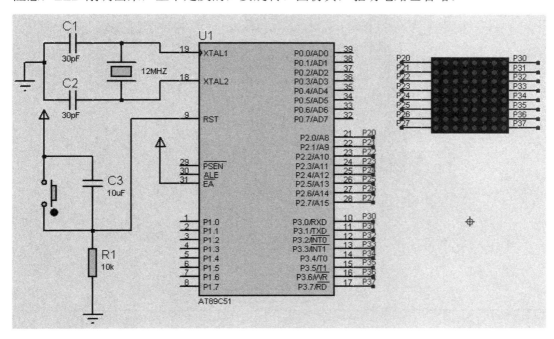

图 3-1-4　8×8 LED 点阵显示电路原理图

根据电路原理图，确定本任务所需要的元器件清单，见表 3-1-1。

表 3-1-1　点阵显示元器件清单

序　号	名　称	型　号	数量（个）
1	单片机	AT89C51	1
2	8×8 点阵	MATRIX-8×8	1
3	电阻：RES	10kΩ	1
4	电容：CAP	30pF	2
		10μF	1
5	晶振：CRYSTAL	12MHz	1

打开 Proteus 仿真软件，根据原理图及元器件清单，绘制 8×8 LED 点阵显示电路原理图。

二、软件程序设计与调试

1．程序设计思路

LED 点阵的显示采用扫描的方式，首先将所要显示的文字按列拆解成多组显示信号。如图 3-1-5 所示，对于一个 8×8 点阵而言，若要显示"0"，则可将各列显示数据输出。若 LED 点阵的第一行显示数据是 D0，第八行显示数据为 D7，则可列出该数字的显示数据编码，见表 3-1-2。

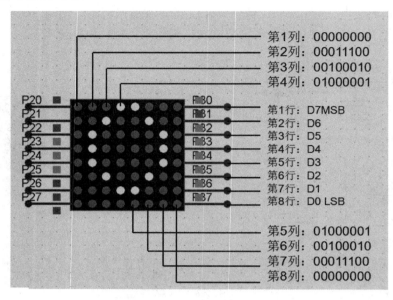

图 3-1-5　数字"0"的文字编码

表 3-1-2　数字"0"的编码对照表

扫 描 数 据	显示数据（二进制）	显示数据（十六进制）
第一列	00000000	0x00
第二列	00011100	0x1c
第三列	00100010	0x22
第四列	01000001	0x41
第五列	01000001	0x41
第六列	00100010	0x22
第七列	00011100	0x1c
第八列	00000000	0x00

　　8×8 点阵的显示方式就是按显示数据编码的顺序一列一列地显示。以低电平扫描为例，若要显示第一列，则先将 11111110 扫描信号送至 LED 点阵的列引脚，接着将第一列的显示数据（00000000）送至 LED 点阵的行引脚，即可显示第一列，此时其他列并不显示。同样，若要显示第二列，则先将第二列的 11111101 扫描信号送至 LED 点阵的列引脚，接着把显示数据（00011100）送至 LED 点阵的行引脚，即可显示第二列，此时其他列并不显示，以此类推，如图 3-1-6 所示。

　　每列的显示时间约 2ms，由于视觉暂留现象，观看者将感觉到 8 列 LED 同时显示。若显示时间太短，则亮度不够；若显示时间太长，将会感觉到闪烁。

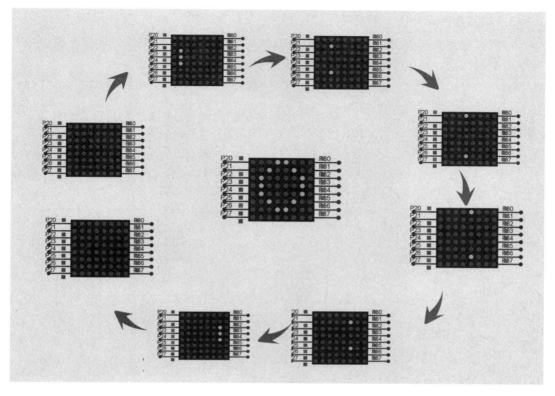

图 3-1-6　8×8 LED 点阵的数据扫描方式

2．绘制程序流程图

有了上述设计思路后，现在介绍 8×8 LED 点阵静态显示数字"3"的编程方法。具体程序流程图如图 3-1-7 所示。

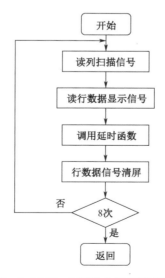

图 3-1-7　8×8 LED 点阵静态显示程序流程图

3．编写程序

根据流程图的编程思路，编写 8×8 LED 点阵静态显示数字"3"的程序。该程序采用低电平列扫描、高电平数据显示的方式，具体程序如下：

```
#include<reg51.h>
#define hang P2                              //定义行数据端口
#define lie P3                               //定义列扫描端口
delay(int);                                  //定义延时函数
char code saomiao[ ]={0xfe, 0xfd, 0xfb, 0xf7, 0xef, 0xdf, 0xbf, 0x7f};
                                             //定义列扫描信号
char code seg[ ]={0x00, 0x00, 0x22, 0x41, 0x49, 0x36, 0x00, 0x00};
                                             //数字"3"的码
// =============== 主程序 ================================
main()
{       int i;                               //定义整型变量
while(1)                                      //无限循环
{
for(i=0;i<8;i++)                              //扫描8次
{
lie=saomiao[i];                              //控制扫描信号
hang=seg[i];                                 //显示信号输出
delay(2);                                    //调用2ms延时
hang=0x00;                                   //行数据清屏
}
}
}
//========================延时函数=====================
delay(int x)
{
int i, j;
for(i=0;i<x;i++)
for(j=0;j<120;j++);
}
```

4．编译程序

在编辑窗口输入源代码后，单击左上方的 🖳 按钮即可进行编译与连接，输出窗口显示"0 个错误，0 个警告"，表明没有语法错误，可以调试。

5．调试仿真程序

在 Proteus 软件中进行仿真，把 HEX 文件加入单片机，单击仿真按钮，即可看到 8×8 LED 点阵显示数字"3"，如图 3-1-8 所示。

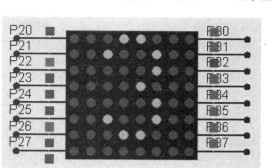

图 3-1-8 8×8 LED 点阵仿真显示数字"3"

6．开发板实现效果

打开实训开发板的最小系统，单片机的 P2 口接 8×8 LED 点阵行数据端口，P3 口接列扫描信号。启动电源后，即可看见开发板显示数字"3"，实现了任务的要求，如图 3-1-9 所示。

图 3-1-9 8×8 LED 点阵开发板显示数字"3"

 **思考题**

修改程序，让 8×8 LED 点阵显示数字"5"或者其他数字。

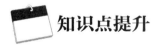 **知识点提升**

一、8×8 LED 点阵分屏显示数字 0～9

分屏显示数字 0～9，可以通过二维数组把 0～9 的数据码存放起来。每显示完一个数字延时 0.5s，即可让点阵每隔 0.5s 依次显示 0～9，实现分屏显示的效果。具体程序如下：

```
#include<reg51.h>
#define hang P2          //定义P2口接行显示信号
```

```
    #define lie P3                          //定义P3口接列扫描信号
    int repeat=30;                          //扫描30周，2ms×8×30=0.48s
    delay(int);                             //定义延时函数
    char code saomiao[ ]={0xfe, 0xfd, 0xfb, 0xf7, 0xef, 0xdf, 0xbf, 0x7f};
//定义列扫描信号
    char code seg[ ][8]=                     //字型
    {{0x00, 0x1c, 0x22, 0x41, 0x41, 0x22, 0x1c, 0x00},  // 0
    {0x00, 0x40, 0x44, 0x7e, 0x7f, 0x40, 0x40, 0x00},   // 1
    {0x00, 0x00, 0x66, 0x51, 0x49, 0x46, 0x00, 0x00},   // 2
    {0x00, 0x00, 0x22, 0x41, 0x49, 0x36, 0x00, 0x00},   // 3
    {0x00, 0x10, 0x1c, 0x13, 0x7c, 0x7c, 0x10, 0x00},   // 4
    {0x00, 0x00, 0x27, 0x45, 0x45, 0x45, 0x39, 0x00},   // 5
    {0x00, 0x00, 0x3e, 0x49, 0x49, 0x32, 0x00, 0x00},   // 6
    {0x00, 0x03, 0x01, 0x71, 0x79, 0x07, 0x03, 0x00},   // 7
    {0x00, 0x00, 0x36, 0x49, 0x49, 0x36, 0x00, 0x00},   // 8
    {0x00, 0x00, 0x26, 0x49, 0x49, 0x3e, 0x00, 0x00}};  // 9
    // ============ 主程序 =================================
    main()                                  //主程序初始化
    {
    int i;                                  //定义整型变量 i
    int k;                                  //定义整型变量 k
    int j;                                  //定义整型变量 j
    while(1)                                //无限循环
    { for(k=0;k<repeat;k++)                 //每一个数字的停留时间约0.5s
    { for(i=0;i<8;i++)                      //扫描8次
    { lie=saomiao[i];                       //列扫描信号进行扫描
    hang=seg[0][i];                         //改变前面中括号那个数字，则点阵也相应改变
    delay(2);                               //调用2ms延时
    hang=0x00;          //行数据清零
    }
    }
    j++;                                    //显示数字加1
    if(j==10)j=0;                           //判断是否扫描结束
    }
    }
    //===============延时函数=====================================
    delay(int x)
    { int i, j;
    for(i=0;i<x;i++)
    for(j=0;j<120;j++);
    }
```

二、8×8 LED 点阵显示汉字"王"

8×8 LED 点阵不仅可以显示数字，还可以显示笔画比较简单的汉字，如"王"。但是

汉字的码如果自己计算，比较复杂，故建议读者使用取模软件。该软件可快速生成编码，方便编程。下面以"王"字为例，介绍取模软件的应用。

1．设置取模软件的参数

打开取模软件，设置当前点阵大小为 8×8，字宽×字高也是 8×8。单击"模式"菜单，在字模选项中，设置点阵格式为阳码，转换方式为逐列式，点阵走向为顺向，输出数制为十六进制数，自定义格式为 C 格式，如图 3-1-10 所示。

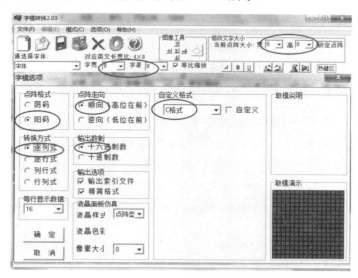

图 3-1-10　取模软件的参数设置

2．输入汉字，生成编码

在输入区输入汉字，单击"生成"按钮，就会在字模区显示相应的汉字，同时在代码生成区生成相应的汉字编码，如图 3-1-11 所示。

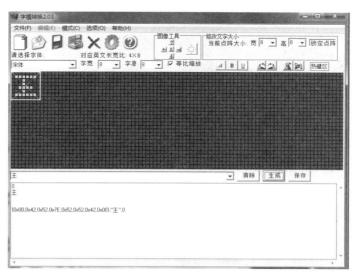

图 3-1-11　生成汉字编码

使用取模软件获得汉字"王"的编码后，即可编程实现 8×8 LED 点阵显示汉字"王"，编程思路和显示数字的思路一样，只是把数字的编码换成"王"的编码，在此不提供完整程序，留给读者思考。

**任务评估**

任务评估见表 3-1-3。

表 3-1-3　任务评估表

评 价 项 目	评 价 标 准	得　分
硬件设计	能正确认识共阳极和共阴极 8×8 LED 点阵的电路结构　　　　10 分	
	能掌握 8×8 LED 点阵驱动电路的驱动原理　　　　10 分	
	能根据要求，在 Proteus 仿真软件中自主设计及绘制 8×8 LED 点阵的电路原理图　　　　10 分	
软件设计与调试	会熟练使用取模软件，完成汉字编码的提取　　　　10 分	
	能理解 8×8 LED 点阵静态显示的原理，并能正确编程实现 8×8 LED 点阵显示数字及汉字　　　　40 分	
软硬件调试	能按照原理图，正确完成单片机开发板与 8×8 LED 点阵的接线，调试并实现 8×8 LED 点阵显示汉字及数字　　　　10 分	
团队合作	各成员分工协作，积极参与　　　　10 分	

学习任务二：轻工 LED 点阵电子显示系统的设计与调试

 任务描述

在 Proteus 仿真软件和单片机开发板上实现 16×16 LED 点阵从右到左动态显示"广州市轻工技师学院欢迎您"。

 **任务目标**

（1）能够利用四片 8×8 LED 点阵组装成一片 16×16 LED 点阵。
（2）能理解用两片 74LS138 级联成 4 线-16 线译码器的译码原理。
（3）能理解 74HC595 串入并出的工作原理。
（4）会用 Proteus 软件自主设计与绘制 16×16 LED 点阵的电路原理图。

（5）能理解 16×16 LED 点阵静态显示的原理，并编程实现 16×16 LED 点阵静态及分屏显示不同汉字。

（6）能根据 16×16 LED 点阵动态显示的原理及算法，编程实现 16×16 LED 点阵从右到左显示"广州市轻工技师学院欢迎您"。

（7）能按照原理图，正确完成单片机开发板与 16×16 LED 点阵的接线，并按照任务要求进行调试，让 16×16 LED 点阵动态显示汉字。

建议课时：16 课时

任务分析

本任务采用 16×16 LED 点阵显示文字，可以利用四片 8×8 LED 点阵组装成一片 16×16 LED 点阵。在显示方面，采用动态显示方式，让所显示的文字左移或右移，即可实现任务要求。

任务实施

一、硬件电路设计

1. 硬件设计思路

16×16 LED 点阵的扫描信号有 16 个，若直接由 8951 输出，将占用两个端口，并不理想。在此可使用两片 74LS138 进行级联。74LS138 是一个 3 线-8 线译码器，此译码器可将输入的二进制码译码输出低电平扫描信号。而输出的低电平信号不足以驱动 16×16 个 LED 发光二极管，故 74LS138 输出的低电平信号还要连接到反相器，进行反相放大后连接到 16×16 LED 点阵的行扫描信号。

16×16 LED 点阵的列显示信号也有 16 个，若直接由 8951 输出，则占用端口多，也并不理想。在此使用两片 74HC595 进行级联。74HC595 是一种串入并出的芯片，在 LED 电子显示屏中有广泛的应用。因此，在硬件设计方面，主要了解 74LS138 和 74HC595 的工作原理。

（1）74LS138 芯片

74LS138 为 3 线-8 线译码器，其引脚图如图 3-2-1 所示。当一个选通端（E1）为高电平，另外两个选通端（$\overline{E2}$ 和 $\overline{E3}$）为低电平时，可将地址端（C、B、A）的二进制编码在 Y0～Y7 对应的输出端以低电平译码输出。比如，CBA=110 时，Y6 输出端输出低电平信号。具体真值表见表 3-2-1。

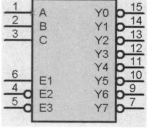

图 3-2-1　74LS138 芯片引脚图

表 3-2-1　74LS138 芯片的真值表

输　入					输　出							
E1	E2+E3	C	B	A	Y0	Y1	Y2	Y3	Y4	Y5	Y6	Y7
0	X	X	X	X	1	1	1	1	1	1	1	1
X	1	X	X	X	1	1	1	1	1	1	1	1
1	0	0	0	0	0	1	1	1	1	1	1	1
1	0	0	0	1	1	0	1	1	1	1	1	1
1	0	0	1	0	1	1	0	1	1	1	1	1
1	0	0	1	1	1	1	1	0	1	1	1	1
1	0	1	0	0	1	1	1	1	0	1	1	1
1	0	1	0	1	1	1	1	1	1	0	1	1
1	0	1	1	0	1	1	1	1	1	1	0	1
1	0	1	1	1	1	1	1	1	1	1	1	0

74LS138 的输出端有 8 个，但是 16×16 LED 点阵有 16 个扫描信号，因此将两片 74LS138 级联，共有 16 个输出端，可以构成 4 线-16 线译码器。4 线-16 线译码器有 4 个输入端，可将 74LS138 的某个控制端作为第四个输入端。将 U1 74LS138 的 E2、E3 端同时与 U2 74LS138 的 E1 端连接，并且作为 4 线-16 线译码器的 D 输入端，两片的 C 连接起来作为 4 线-16 线译码器的 C 输入端，两片的 B 连接起来作为 4 线-16 线译码器的 B 输入端，两片的 A 连接起来作为 4 线-16 线译码器的 A 输入端。为保证两片正常工作，将 74LS138（1）的 E1 端接高电平，74LS138（2）的 E2、E3 端接低电平。这样连接以后可以构成 4 线-16 线译码器，具体电路图如图 3-2-2 所示。

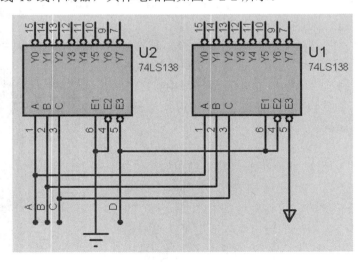

图 3-2-2　两片 74LS138 级联组成 4 线-16 线译码器的电路图

工作原理如下：当 DCBA 为 0000→0111 时，U1 74LS138 的 E1、E2 为 0，U2 74LS138 的 E3 为 0，根据 74LS138 的真值表可知，U1 74LS138 工作，U2 74LS138 不工作。4 线-16

线译码器输出为 1111111111111110→1111111101111111。当 DCBA 为 1000→1111 时，U1 74LS138 的 E1、E2 为 1，U2 74LS138 的 E3 为 1，根据 74LS138 的真值表可知，U1 74LS138 不工作，U2 74LS138 工作。4 线-16 线译码器输出为 1111111011111111→0111111111111111。根据以上分析可知，该逻辑电路能实现 4 线-16 线译码器的译码工作。

（2）74HC595 芯片

74HC595 芯片可以把串行信号转换为并行信号，还可以节约单片机 I/O 端口，用 3 个 I/O 端口就可以控制点阵的 8 个引脚。此外，它还具有一定的驱动能力，所以应用非常广泛。其引脚图如图 3-2-3 所示。具体引脚功能见表 3-2-2。

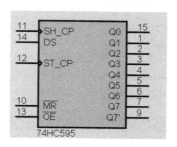

图 3-2-3　74HC595 引脚图

表 3-2-2　74HC595 的引脚功能表

引　脚　名	引　脚　功　能
SH_CP	数据输入时钟端
ST_CP	输出存储器锁存时钟端
DS	数据线
$\overline{MR}$	输出使能端
$\overline{OE}$	寄存器清零端
Q0~Q7	并行数据输出端

74HC595 芯片的具体使用步骤如下：

①将准备输入的位数据移入 74HC595 数据输入端 DS。

②将位数据逐位移入 74HC595，即数据串入。

方法：SH_CP 产生一上升沿，将 DS 上的数据移入 74HC595 移位寄存器中，先送低位，后送高位。

③并行输出数据。

方法：ST_CP 产生一上升沿，将已移入数据寄存器中的数据送到输出锁存器。

综上分析，SH_CP 产生一上升沿（移入数据）和 ST_CP 产生一上升沿（输出数据）是两个独立过程，实际应用时互不干扰，即可在输出数据的同时移入数据。

74HC595 的数据输出端只有 8 个，但是 16×16 LED 点阵有 16 个列显示信号，采取的办法是用 74HC595 的 9 脚 Q7'连接另外一片 74HC595 的 DS，即可实现 16 个并行数据端口的输出。具体电路图如图 3-2-4 所示。

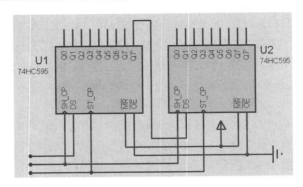

图 3-2-4　两片 74HC595 级联电路图

2. 硬件电路原理图

根据任务分析，画出 16×16 LED 点阵电子显示系统的电路原理图，如图 3-2-5 所示（原理图较大，单片机最小系统省略）。

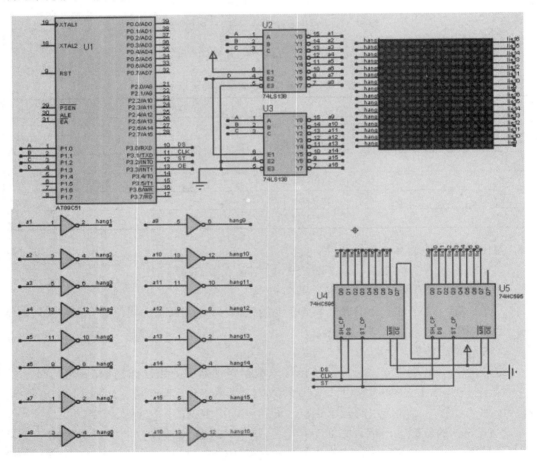

图 3-2-5　16×16 LED 点阵电子显示系统的电路原理图

根据电路原理图，确定本任务所需要的元器件清单，见表 3-2-3。

表 3-2-3　16×16 LED 点阵电子显示系统的元器件清单

序　号	名　称	型　号	数量（个）
1	单片机	AT89C51	1
2	8×8 点阵	MATRIX-8×8	4
3	3 线-8 线译码器	74LS138	2
4	串入并出移位寄存器	74HC595	2
5	反相器	74LS04	3

打开 Proteus 仿真软件，根据原理图及元器件清单，绘制 16×16 LED 点阵电子显示系统电路原理图。

二、软件程序设计与调试

在程序设计方面，本任务采取循序渐进的方式，先让 16×16 LED 点阵静态显示汉字"轻"，然后分屏显示"走进轻工迈向成功"，最后从右到左动态显示"广州市轻工技师学院欢迎您"，达到任务的要求。

1. 16×16 LED 点阵静态显示汉字"轻"

16×16 LED 点阵静态显示的原理与 8×8 LED 点阵静态显示一样，只是该任务的扫描方式是逐行高电平扫描，具体分析如下。

若要显示第 0 行，扫描信号 i=0000，通过两片 74LS138 组成的 4 线-16 线译码器译码后，输出为 1111111111111110，经过反相放大后，变成 0000000000000001，选择第 0 行。接着把表格中的位数据移入 74HC595 数据输入端 DS，然后 74HC595 的 SH_CP 端产生一上升沿，把位数据逐位移入 74HC595（串行输入），最后 ST_CP 产生一上升沿，把 DS 上已移入数据寄存器中的数据送到输出锁存器（并行输出），即把数据移入 16×16 LED 点阵的第 0 行。

若要显示第 1 行，扫描信号加 1，i=0001，经 4 线-16 线译码器译码后，输出为 1111111111111101，选择第 1 行。接着利用 74HC595 把表格中的数据并行输出至第 1 行。

其他行的扫描及数据输入方式以此类推。

每行的显示时间约 2ms，由于视觉暂留现象，观看者将感觉到 16 行 LED 同时显示。

有了上述设计思路后，再把思路转换为程序流程图，如图 3-2-6 所示。

```
开始
  ↓
选择第0行
74HC595写数据
74HC595输出数据
数据清屏
  ↓
选择第1行
74HC595写数据
74HC595输出数据
数据清屏
  ⋮
选择第15行
74HC595写数据
74HC595输出数据
数据清屏
```

图 3-2-6　16×16 LED 点阵静态显示程序流程图

根据流程图的编程思路，编写 16×16 LED 点阵静态显示汉字"轻"的程序。该程序采用高电平逐行扫描、低电平数据显示的方式，具体程序如下：

```
             #include<reg51.h>
             #include<intrins.h>    //要调用1μs子函数 _nop_()
             #define saomiao P1      //接行扫描信号A、B、C、D，再接74LS138芯片后接74LS04
反相放大，最后是高电平驱动点阵
             sbit DS=P3^0;          //74HC595芯片的数据输入端
             sbit CLK=P3^1;         //74HC595芯片的写信号，上升沿有效
             sbit ST=P3^2;          //74HC595芯片的并行输出信号，上升沿有效
             sbit OE=P3^3;          //138使能信号，低电平有效，也可以不接单片机，直接接地
             delay(int);
             void WR_74HC595(unsigned char);    //定义写74HC595函数
             void OUT_74HC595(void);            //定义输出74HC595函数
             char code seg[ ]={0xFB, 0xFF, 0x7B, 0xC0, 0xFB, 0xEF, 0xC0, 0xF7, 0xFD,
0xF3, 0xF5, 0xED, 0xF6, 0xDE, 0x00, 0xBF,
             0xF7, 0xFF, 0x77, 0xC0, 0xC7, 0xFB, 0xF0, 0xFB, 0xF5, 0xFB, 0xF7, 0xFB,
0x37, 0x80, 0xF7, 0xFF};//轻
             //===========================主函数==========================
             main( )
             {
             int i;
             OE=0;                  //138使能信号，低电平有效。可以不接单片机，直接接地
             while(1)
             {
             for(i=0;i<16;i++)      //扫描16次
             {
             saomiao=i;
             WR_74HC595(seg[2*i+1]);    //先送数据表格的后八列
             WR_74HC595(seg[2*i]);      //再送数据表格的前八列
             OUT_74HC595( );
             delay(2);
             WR_74HC595(0xff);          //清屏
             WR_74HC595(0xff);
             OUT_74HC595( );
             }
             }
             }
             //=========================延时函数==========================
             delay(int x)
             {
             int i, j;
             for(i=0;i<x;i++)
             for(j=0;j<120;j++);
             }
             //=========写74HC595函数，把数据一位一位送到74HC595==============
             void WR_74HC595(unsigned char a)
             { unsigned char b, da;
             for(b=0;b<8;b++)
```

```
    {da=a&0x80;              //数据与10000000相与，保留最高位，如果最高位为1，da为
10000000；如果最高位为0，da为00000000
    if(da==0)    DS=0;       //如果da为0，把0送74HC595
    if(da!=0)    DS=1;       //如果da为1，把1送74HC595
    a<<=1;                   //数据左移，为移第2位做准备
    CLK=0;                   //先清0
    _nop_( );
    _nop_( );
    _nop_( );
    CLK=1;                   //再为1，即产生上升沿，开始移1位
    }
    }
//=======输出74HC595函数，数据并行输出至16×16 LED点阵的列输入端口========
void OUT_74HC595()
{ST=0;                       //先清0
_nop_( );
_nop_( );
_nop_( );
ST=1;                        //再为1，即产生上升沿，开始并行输出16位
}
```

　　在编辑窗口输入源代码，编译通过后，打开 Proteus 软件，把 HEX 文件加入单片机，单击仿真按钮，即可看到 16×16 LED 点阵显示汉字"轻"，如图 3-2-7 所示。

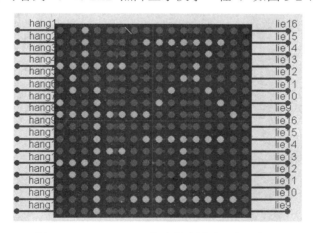

图 3-2-7　16×16 LED 点阵仿真显示汉字"轻"

 **思考题**

修改程序，让 16×16 LED 点阵显示汉字"州"或者其他汉字。

2. 16×16 LED 点阵分屏显示汉字"走进轻工迈向成功"

分屏显示汉字"走进轻工迈向成功"，可以通过一维数组把这 8 个汉字的数据码存放

起来。每显示完一个汉字延时 0.5s，即可让点阵分屏显示"走进轻工迈向成功"。具体程序如下：

```
#include<reg51.h>
#include<intrins.h>    //要调用1μs子函数 _nop_()
#define saomiao P1      //接行扫描信号A、B、C、D，再接74LS138芯片后接74LS04
反相放大，最后是高电平驱动点阵
sbit DS=P3^0;           //74HC595芯片的数据输入端
sbit CLK=P3^1;          //74HC595芯片的写信号，上升沿有效
sbit ST=P3^2;           //74HC595芯片的并行输出信号，上升沿有效
sbit OE=P3^3;           //138使能信号，低电平有效，也可以不接单片机，直接接地
delay(int);
void WR_74HC595(unsigned char);     //定义写74HC595函数
void OUT_74HC595(void);             //定义输出74HC595函数
int repeat=30;                      //每个汉字停留时间，延时
char code seg[ ]={
{0x7F, 0xFF, 0x7F, 0xFF, 0x7F, 0xFF, 0x03, 0xE0, 0x7F, 0xFF, 0x7F, 0xFF,
0x00, 0x80, 0x7F, 0xFF,
0x7F, 0xFF, 0x77, 0xFF, 0x77, 0xE0, 0x77, 0xFF, 0x77, 0xFF, 0x6B, 0xFF,
0x1D, 0x80, 0xFE, 0xFF},          //"走", 0
{0xFF, 0xF6, 0xFB, 0xF6, 0xF7, 0xF6, 0x37, 0xC0, 0xFF, 0xF6, 0xFF, 0xF6,
0xF0, 0xF6, 0x17, 0x80,
0xF7, 0xF6, 0xF7, 0xF6, 0x77, 0xF7, 0x77, 0xF7, 0xB7, 0xF7, 0xEB, 0xFF,
0x1D, 0x80, 0xFF, 0xFF},          //"进", 1
{0xFB, 0xFF, 0x7B, 0xC0, 0xFB, 0xEF, 0xC0, 0xF7, 0xFD, 0xF3, 0xF5, 0xED,
0xF6, 0xDE, 0x00, 0xBF,
0xF7, 0xFF, 0x77, 0xC0, 0xC7, 0xFB, 0xF0, 0xFB, 0xF5, 0xFB, 0xF7, 0xFB,
0x37, 0x80, 0xF7, 0xFF},          //"轻", 2
{0xFF, 0xFF, 0xFF, 0xFF, 0x01, 0xC0, 0x7F, 0xFF, 0x7F, 0xFF, 0x7F, 0xFF,
0x7F, 0xFF, 0x7F, 0xFF,
0x7F, 0xFF, 0x7F, 0xFF, 0x7F, 0xFF, 0x7F, 0xFF, 0x7F, 0xFF, 0x00, 0x80,
0xFF, 0xFF, 0xFF, 0xFF},          //"工", 3
{0xFF, 0xFF, 0xFB, 0xFF, 0x17, 0x80, 0xF7, 0xFE, 0xFE, 0xFF, 0xC0,
0xF0, 0xDE, 0xF7, 0xDE,
0xF7, 0xDE, 0x77, 0xDF, 0x77, 0xDF, 0xB7, 0xEB, 0xD7, 0xF7, 0xEB, 0xFF,
0x1D, 0x80, 0xFF, 0xFF},          //"迈", 4
{0xBF, 0xFF, 0xDF, 0xFF, 0xEF, 0xFF, 0x01, 0xC0, 0xFD, 0xDF, 0xFD, 0xDF,
0x1D, 0xDC, 0xDD, 0xDD,
0xDD, 0xDD, 0xDD, 0xDD, 0xDD, 0xDD, 0x1D, 0xDC, 0xDD, 0xDD, 0xFD, 0xDF,
0xFD, 0xD7, 0xFD, 0xEF},          //"向", 5
{0xFF, 0xF5, 0xFF, 0xED, 0xFF, 0xFD, 0x03, 0x80, 0xFB, 0xFD, 0xFB, 0xFD,
0xFB, 0xDD, 0x83, 0xDD,
0xBB, 0xDD, 0xBB, 0xEB, 0xBB, 0xEB, 0xBB, 0xB7, 0xAB, 0xB3, 0xDD, 0xAD,
0xFD, 0x9E, 0x7E, 0xBF},          //"成", 6
{0xFF, 0xFD, 0xFF, 0xFD, 0xFF, 0xFD, 0x80, 0xFD, 0x77, 0xC0, 0xF7, 0xDD,
0xF7, 0xDD, 0xF7, 0xDD, 0xF7,
```

112

```
0xDD, 0xF7, 0xDE, 0xF7, 0xDE, 0x87, 0xDE, 0x70, 0xDF, 0x7D, 0xDF, 0xBF,
0xEB, 0xDF, 0xF7}                         //"功", 7
};
//=========================主函数=========================
main()
{
int i;
int m;
int j;
OE=0;  //138使能信号, 低电平有效, 可以不接单片机, 直接接地
while(1)
{
for(m=0;m<repeat;m++)
{  for(i=0;i<16;i++)
{ saomiao=i;
WR_595(seg[2*i+1+32*j]);
WR_595(seg[2*i+32*j]);
OUT_595();
delay(2);
WR_595(0xff);//清重影
WR_595(0xff);
OUT_595();
}
}
j++;
if(j==8)  j=0;
}
}
//=========================延时函数=========================
delay(int x)
{
int i, j;
for(i=0;i<x;i++)
for(j=0;j<120;j++);
}
//=============写74HC595函数, 把数据一位一位送到74HC595=============
void WR_74HC595(unsigned char a)
{ unsigned char b, da;
for(b=0;b<8;b++)
{da=a&0x80;              //数据与10000000相与, 保留最高位, 如果最高位为1, da为
10000000; 如果最高位为0, da为00000000
if(da==0)    DS=0;      //如果da为0, 把0送74HC595
if(da!=0)    DS=1;      //如果da为1, 把1送74HC595
a<<=1;                  //数据左移, 为移第2位做准备
CLK=0;                  //先清0
_nop_( );
_nop_( );
```

```
_nop_( );
CLK=1;                    //再为1，即产生上升沿，开始移1位
}
}
//======输出74HC595函数，数据并行输出至16×16 LED点阵的列输入端口========
void OUT_74HC595()
{ST=0;                    //先清0
_nop_( );
_nop_( );
_nop_( );
ST=1;                    //再为1，即产生上升沿，开始并行输出16位
}
```

 思考题

修改程序，让 16×16 LED 点阵分屏显示"广州欢迎您"或者其他汉字。

3．16×16 LED 点阵从右到左滚动显示汉字"广州市轻工技师学院欢迎您"

编程思路：点阵实物结构示意图如图 3-2-8 所示，实线部分是显示的第 1 个汉字，a 是前 8 列的数据，b 是后 8 列的数据，低位在左边，高位在右边；虚线部分是要移进来的第 2 个汉字，c 是前 8 列的数据，d 是后 8 列的数据，低位在左边，高位在右边。

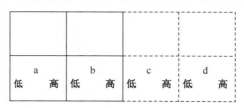

图 3-2-8　点阵实物结构示意图

汉字从右到左滚动时，数据按如下规律移位（以移第 1 次为例）：a 的最低位移出，b 的最低位移到 a 的最高位，c 的最低位移到 b 的最高位。

下面介绍编程方法（用指令移位时，记住是高位在左，低位在右）。移第 1 次：
```
b1=b<<7; //b的最低位移到最高位，暂存到b1，等下跟a相或，即传到a的最高位
a=a>>1|b1;//a的最低位移出，最高位空出来，再跟b1相或，即把b的最低位传到a中
c1=c<<7;// c的最低位移到最高位，暂存到c1，等下跟b相或，即传到b的最高位
b1=b>>1|c1;// b的最低位移出，最高位空出来，再跟c1相或，即把c的最低位传到b中
```
移第 n 次（当 n<8 时）：
```
b1=b<<(8-n);
a=a>>n|b1;
c1=c<<(8-n);
b1=b>>n|c1;
```
当 n>=8 时，a 已经完全移出，现在参加移位的是 b、c、d。同理，可以编程如下：
```
c1=c<<(8-(n-8));
```

114

```
        b=b>>(n-8)|c1;
        d1=d<<(8-(n-8));
        c1=c>>(n-8)|d1;
```

具体程序如下：

```
----------------------------------------------------------------------
        #include<reg51.h>
        #include<intrins.h>  //要调用1µs子函数_nop_()
        #define saomiao P1   //接行扫描信号A、B、C、D，再接138芯片后接三极管反相驱动，
最后是高电平驱动点阵
        sbit DS=P3^0;              //595芯片的数据输入端
        sbit CLK=P3^1;             //595写信号，上升沿有效
        sbit ST=P3^2;              //595并行输出信号，上升沿有效
        sbit OE=P3^3;              //138使能信号，低电平有效
        delay(int);
        void WR_595(unsigned char);  //定义写595函数
        void OUT_595(void);          //定义输出595函数
        int repeat=5;                //每个汉字停留时间，延时
        unsigned char code seg[]=    //*******注意，因为要移位，所以要改为无符号数
        {
        0xff, 0xff, 0xff, 0xff, 0xff, 0xff, 0xff, 0xff, 0xff, 0xff, 0xff, 0xff,
0xff, 0xff, 0xff, 0xff,
        //一开始，多加一个字的空码，让字滚动时完全从右边出来
        0xff, 0xff, 0xff, 0xff, 0xff, 0xff, 0xff, 0xff, 0xff, 0xff, 0xff, 0xff,
0xff, 0xff, 0xff, 0xff, //
        0x7F, 0xFF, 0xFF, 0xFE, 0xFF, 0xFE, 0x03, 0xC0, 0xFB, 0xFF, 0xFB, 0xFF,
0xFB, 0xFF, 0xFB, 0xFF,
        0xFB, 0xFF, 0xFB, 0xFF, 0xFB, 0xFF, 0xFB, 0xFF, 0xFB, 0xFF, 0xFD, 0xFF,
0xFD, 0xFF, 0xFE, 0xFF, //"广", 0
        0xF7, 0xDF, 0xF7, 0xDE, 0xF7, 0xDE, 0xF7, 0xDE, 0xF7, 0xDE, 0xD5, 0xDA,
0xB5, 0xD6, 0xB5, 0xD6,
        0xF6, 0xDE, 0xF7, 0xDE, 0xF7, 0xDE, 0xF7, 0xDE, 0xFB, 0xDE, 0xFB, 0xDE,
0xFD, 0xDF, 0xFE, 0xDF, //"州", 1
        0xBF, 0xFF, 0x7F, 0xFF, 0xFF, 0xFF, 0x01, 0xC0, 0x7F, 0xFF, 0x7F, 0xFF,
0x7F, 0xFF, 0x03, 0xE0,
        0x7B, 0xEF, 0x7B, 0xEF, 0x7B, 0xEF, 0x7B, 0xEF, 0x7B, 0xEB, 0x7B, 0xF7,
0x7F, 0xFF, 0x7F, 0xFF, //"市", 2
        0xFB, 0xFF, 0x7B, 0xC0, 0xFB, 0xEF, 0xC0, 0xF7, 0xFD, 0xF3, 0xF5, 0xED,
0xF6, 0xDE, 0x00, 0xBF,
        0xF7, 0xFF, 0x77, 0xC0, 0xC7, 0xFB, 0xF0, 0xFB, 0xF5, 0xFB, 0xF7, 0xFB,
0x37, 0x80, 0xF7, 0xFF, //"轻", 3
        0xFF, 0xFF, 0xFF, 0xFF, 0x01, 0xC0, 0x7F, 0xFF, 0x7F, 0xFF, 0x7F, 0xFF,
0x7F, 0xFF, 0x7F, 0xFF,
        0x7F, 0xFF, 0x7F, 0xFF, 0x7F, 0xFF, 0x7F, 0xFF, 0x7F, 0xFF, 0x00, 0x80,
0xFF, 0xFF, 0xFF, 0xFF, //"工", 4
        0xF7, 0xFB, 0xF7, 0xFB, 0xF7, 0xFB, 0x37, 0x80, 0xC0, 0xFB, 0xF7, 0xFB,
0xF7, 0xFB, 0x57, 0xC0,
```

```
    0xE7, 0xDE, 0xF3, 0xEE, 0xF4, 0xED, 0xF7, 0xF5, 0xF7, 0xFB, 0xF7, 0xF5,
0x75, 0xEE, 0x9B, 0x9F, //"技", 5
    0xEF, 0xFF, 0x2F, 0x80, 0xED, 0xFB, 0xED, 0xFB, 0xED, 0xFB, 0x6D, 0xC0,
0x6D, 0xDB, 0x6D, 0xDB,
    0x6D, 0xDB, 0x6D, 0xDB, 0x6D, 0xDB, 0x6F, 0xD3, 0x77, 0xEB, 0xF7, 0xFB,
0xFB, 0xFB, 0xFD, 0xFB, //"师", 6
    0xBB, 0xEF, 0x77, 0xEF, 0x77, 0xF7, 0xFF, 0xFB, 0x01, 0x80, 0xFD, 0xBF,
0xFE, 0xDF, 0x07, 0xF8,
    0xFF, 0xFD, 0x7F, 0xFE, 0x00, 0x80, 0x7F, 0xFF, 0x7F, 0xFF, 0x7F, 0xFF,
0x5F, 0xFF, 0xBF, 0xFF, //"学", 7
    0xFF, 0xFD, 0xE1, 0xFB, 0x2D, 0x80, 0xB5, 0xBF, 0xD5, 0xDF, 0x79, 0xE0,
0xF5, 0xFF, 0xED, 0xFF,
    0x2D, 0x80, 0xED, 0xF6, 0xE9, 0xF6, 0xF5, 0xF6, 0x7D, 0xB7, 0x7D, 0xB7,
0xBD, 0x8F, 0xDD, 0xFF, //"院", 8
    0xFF, 0xFE, 0xFF, 0xFE, 0xC0, 0xFE, 0xDF, 0xC0, 0x5F, 0xDF, 0x6D, 0xEF,
0xAB, 0xFD, 0xD7, 0xFD,
    0xF7, 0xFD, 0xEB, 0xFA, 0xDB, 0xFA, 0x5D, 0xF7, 0x7E, 0xF7, 0xBF, 0xEF,
0xDF, 0xDF, 0xEF, 0xBF, //"欢", 9
    0xFF, 0xFF, 0xFB, 0xFE, 0x37, 0xC3, 0xB7, 0xDB, 0xBF, 0xDB, 0xBF, 0xDB,
0xB0, 0xDB, 0xB7, 0xDB,
    0xB7, 0xDB, 0xB7, 0xD2, 0x37, 0xEB, 0xB7, 0xFB, 0xF7, 0xFB, 0xEB, 0xFB,
0x1D, 0x80, 0xFF, 0xFF//"迎", 10
    0x6F, 0xFF, 0x6F, 0xFF, 0x77, 0xC0, 0xB3, 0xDF, 0xD5, 0xED, 0x66, 0xF5,
0x77, 0xED, 0xB7, 0xDD,
    0xD7, 0xDD, 0x77, 0xFD, 0xF7, 0xFE, 0xBF, 0xFF, 0x75, 0xDF, 0x75, 0xB7,
0xF6, 0xB7, 0x0F, 0xF0, //"您", 11
    0xff, 0xff, 0xff, 0xff, 0xff, 0xff, 0xff, 0xff, 0xff, 0xff, 0xff, 0xff,
0xff, 0xff, 0xff, 0xff,
    //结束时，多加一个字的空码，让字滚动时完全从左边出来
    0xff, 0xff, 0xff, 0xff, 0xff, 0xff, 0xff, 0xff, 0xff, 0xff, 0xff, 0xff,
0xff, 0xff, 0xff, 0xff};//
    //===========================主程序==========================
    main()
    {
    int i;//
    int m;//
    int n;//移位的次数
    int j;//第几个文字
    unsigned char a, b, c, d, b1, c1, d1;// 中间变量，存移位的结果。注意，必须是
无符号数，因为要移位
    OE=0; //138使能信号，低电平有效。可以不接单片机，直接接地
    while(1)
    {
    for(m=0;m<repeat;m++)
    {
    for(i=0;i<16;i++)
    {
```

```
a=seg[2*i+32*j]; //取第一个字的第0个码
b=seg[2*i+1+32*j];//取第一个字的第1个码
c=seg[32+2*i+32*j];//取第二个字的第0个码
d=seg[32+2*i+1+32*j];//取第二个字的第1个码
saomiao=i;

if(n<8)//因为每个字移16次，n计数16次，把它分为前8次和后8次
{
b1=b<<(8-n); // b要左移n位给a，把b要移的位全部先移动到右边，再跟a相或
a=a>>n|b1;    // a跟刚才的结果相或
c1=c<<(8-n); // c要左移n位给b，把c要移的位全部先移动到右边，再跟b相或
b1=b>>n|c1;   // b跟刚才的结果相或
WR_595(b1);
WR_595(a);
OUT_595();
}
if(n>=8)            //把它分为前8次和后8次，8次要处理一下，移位次数减去8
{
c1=c<<(8-(n-8)); //c要左移n位给b，把c要移的位全部先移动到右边，再跟b相或
b=b>>(n-8)|c1;    //b跟刚才的结果相或
d1=d<<(8-(n-8)); //d要左移n位给c，把d要移的位全部先移动到右边，再跟c相或
c1=c>>(n-8)|d1;   //c跟刚才的结果相或
WR_595(c1);
WR_595(b);
OUT_595();
}
delay(2);
WR_595(0xff);              //清重影
WR_595(0xff);
OUT_595();
}
}
n=n+1;                     //移1位
if(n==16){n=0;j=j+1;}      //移到16次时，表示一个字移完了，j加1表示下一个字
if(j==13){j=0;delay(30000);}    //字的总个数
}
}
//========================延时程序========================
delay(int x)
{
int i, j;
for(i=0;i<x;i++)
for(j=0;j<120;j++);
}
//================写595函数，把数据一位一位送到595==================
void WR_595(unsigned char a)
{unsigned char b, da;
```

117

```
        for(b=0;b<8;b++)
        {da=a&0x80;
        if(da==0)  DS=0;              //如果da为0，把0送595
        if(da!=0)  DS=1;              //如果da为1，把1送595
        a<<=1;                        //数据左移，为移第2位做准备
        CLK=0;                        //先清0
        _nop_();
        _nop_();
        _nop_();
        CLK=1;                        //再为1，即产生上升沿，开始移1位
        }
        }
//=======================输出595函数=======================
void OUT_595()
{ST=0;                               //先清0
_nop_();
_nop_();
_nop_();
ST=1;                                //再为1，即产生上升沿，开始并行输出16位
}
```

编译通过后，利用下载器把 HEX 文件下载到单片机，然后把 P2 口接 16×16 LED 点阵的行扫描数据，P3 口接 16×16 LED 点阵的列显示数据，接通电源后，即可看见 16×16 LED 点阵从右到左滚动显示"广州市轻工技师学院欢迎您"，如图 3-2-9 所示，实现了任务的要求。

图 3-2-9　开发板 16×16 LED 点阵从右到左动态显示图

 思考题

修改程序，让 16×16 LED 点阵从左到右依次显示"广州欢迎您"。

**任务评估**

任务评估见表 3-2-4。

表 3-2-4　任务评估表

评价项目	评价标准		得　分
硬件设计	能理解用两片 74LS138 级联成 4 线-16 线译码器的译码原理	10 分	
	能掌握 74HC595 串入并出的工作原理	10 分	
	会用 Proteus 软件自主设计与绘制 16×16 LED 点阵的电路原理图	10 分	
软件设计与调试	能理解 16×16 LED 点阵静态显示的原理，并编程实现 16×16 LED 点阵静态及分屏显示不同汉字	20 分	
	能根据 16×16 LED 点阵动态显示的原理和算法，编程实现 16×16 LED 点阵从右到左显示"广州市轻工技师学院欢迎您"	30 分	
软硬件调试	能按照原理图，正确完成单片机开发板与 16×16 LED 点阵的接线，并按照任务要求进行调试，让 16×16 LED 点阵动态显示汉字	10 分	
团队合作	各成员分工协作，积极参与	10 分	

 知识考核

一、选择题

1. 对于 8×8 LED 点阵而言，LED 个数及引脚数各为（　　）。

　　A. 64、16　　　　B. 16、16　　　　C. 64、12　　　　D. 32、12

2. 在共阳极 8×8 LED 点阵里（　　）。

　　A. 各行阳极连接到行引脚　　　　　　B. 各列阳极连接到列引脚

　　C. 各行阳极连接到列引脚　　　　　　D. 各列阳极连接到行引脚

3. 通常，8×8 LED 点阵的驱动方式是（　　）。

　　A. 直接驱动　　　B. 扫描驱动　　　C. 双向驱动　　　D. 以上皆非

4. 对于 m 列 n 行的 LED 点阵而言，其扫描的工作周期为（　　），观看者不会感觉闪烁。

　　A. 16ms/m　　　　B. 16ms/n　　　　C. 64ms/m　　　　D. 64ms/n

5. 若要采用两个 8 位的输入/输出端口驱动 16×16 LED 点阵，必须使用（　　）。

　　A. 译码器　　　B. 多路选择器　　　C. 多路分配器　　　D. 锁存器

6. 下列元件中（　　）可提供 3 线-8 线译码的功能。

　　A. 74LS138　　　B. 74LS139　　　C. 74LS373　　　D. 74LS154

7. 要使 74LS138 处于工作状态，该芯片的控制端应为（　　）。

　　A. E1=0，E2=0，E3=0　　　　　　B. E1=1，E2=0，E3=0

　　C. E1=0，E2=1，E3=1　　　　　　D. E1=1，E2=0，E3=1

8. 在 16×16 LED 点阵里，通常会使用两片 74LS138 级联，构成 4 线-16 线译码器，用途是（　　）。

　　A. 产生扫描信号　　　　　　　　　　B. 锁存扫描信号

　　C. 锁存显示信号　　　　　　　　　　D. 放大驱动电流

9. 74HC595 是一种（　　）移位寄存器。

A．串入串出　　　B．串入并出　　　　C．并入并出

10．要使数据输入端的数据逐位移入 74HC595，必须在 SH_CP 数据输入时钟端产生一个（　　）。

A．上升沿脉冲　　　　　　　　B．下降沿脉冲

11．要将 74HC595 的数据寄存器中的数据送到输出锁存器，必须在 ST_CP 输出存储器锁存时钟端产生一个（　　）。

A．下降沿脉冲　　　　　　　　B．上升沿脉冲

12．若 16×16 LED 点阵的扫描方式是高电平逐行扫描，则数据码是（　　）。

A．阳码　　　　　　　　　　　B．阴码

13．若 16×16 LED 点阵静态显示一个汉字，一共要扫描（　　）。

A．16 行　　　　　B．32 行　　　　　C．8 行

二、综合题

1．共阳极 LED 点阵是指每列 LED 的阳极都连接在一起，还是每行 LED 的阳极都连接在一起？

2．试述 8×8 LED 点阵静态显示的原理。

3．74LS138 的功能是什么？该芯片的控制端应如何连接？

4．试述用两片 74LS138 级联成一个 4 线-16 线译码器的译码原理。

5．74HC595 是如何实现串入并出的？

6．试述 16×16 LED 点阵动态显示的原理。

7．若要 16×16 LED 点阵从左到右动态显示文字，取模软件的参数应如何设置？

情境 4　家居报警系统的设计与调试

情境介绍

　　家居生活的安全隐患逐渐成为人们的关注点，如发生火灾、失窃、煤气泄漏等。目前市场上有各种各样的报警器，很多家庭也逐渐使用报警系统。

　　本情境将红外监控电路、防火防烟电路、防漏煤气电路、蜂鸣器报警电路、液晶显示屏等组成一个系统，真正做到了集防火、防盗、防漏煤气多种功能于一体。

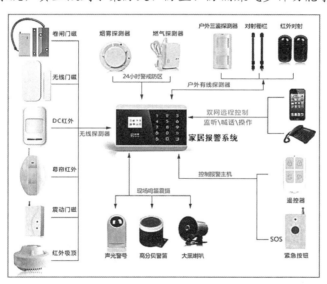

学习任务一：液晶显示屏的设计与调试

任务描述

　　在单片机开发板上控制 12864 液晶显示屏，显示如下信息（分三屏显示）：

```
{"      广州市       "}
{"   轻工技师学院    "}
{"      广州市       "}
{"轻工高级技工学校"}
{"国家重点公办院校"}
{"                 "}
{"网址 http: //www."}
{"  gzslits.com.cn  "}
{"招生热线:          "}
{"  020－87481623  "}
{"        84423747  "}
{"        34466202  "}
```

任务目标

（1）能正确掌握液晶显示屏的工作原理。

（2）能根据任务要求，正确设计与绘制液晶显示屏的硬件电路。

（3）正确理解液晶显示屏各个指令集的用法。

（4）能根据流程图，编程实现液晶显示屏显示文字及图案。

（5）能根据硬件电路图，正确连接单片机最小系统与液晶显示屏，调试并让开发板上的真实液晶显示屏显示对应的文字及图案。

建议课时：12 课时

任务分析

12864 中文汉字图形点阵液晶显示屏可显示汉字及图形，内置 8192 个中文汉字（16×16 点阵）、128 个字符（8×16 点阵）及 64×256 点阵显示 RAM（GDRAM），如图 4-1-1 所示。

图 4-1-1　液晶显示屏

该液晶屏可以显示 4 行，每行可显示 8 个汉字（16×16 点阵），每行首地址分别是 80H、90H、88H、98H。与单片机连接好后，进行必要的初始化，然后依次对每行写入汉字即可。

任务实施

一、硬件电路设计

1. 硬件设计思路

（1）液晶屏引脚说明（表 4-1-1）

表 4-1-1　液晶屏引脚说明

引　脚　号	引　脚　名　称	方　　向	功　能　说　明
1	GND	–	模块的电源地
2	VCC	–	模块的电源正端
3	V0	–	LCD 驱动电压输入端
4	RS(CS)	H/L	数据选择信号/并行的指令，串行的片选信号
5	R/W(SID)	H/L	并行的读写选择信号，串行的数据口
6	E(CLK)	H/L	并行的使能信号，串行的同步时钟
7	DB0	H/L	数据 0
8	DB1	H/L	数据 1
9	DB2	H/L	数据 2
10	DB3	H/L	数据 3
11	DB4	H/L	数据 4
12	DB5	H/L	数据 5
13	DB6	H/L	数据 6
14	DB7	H/L	数据 7
15	PSB	H/L	并/串行接口选择，H 为并行，L 为串行
16	NC	–	空脚
17	RST	H/L	复位，低电平有效
18	VOUT	–	倍压输出端（VDD=+3.3V 有效）
19	LED_A	LED+5V	背光源正极
20	LED_K	LED-0V	背光源负极

逻辑工作电压（VDD）：4.5～5.5 V

电源地（GND）：0V

工作温度：–10～60℃（常温）/ –20～70℃（宽温）

（2）液晶屏与单片机的连接

单片机接最小系统，液晶显示屏根据引脚说明接线如下。

1 脚和 2 脚分别接电源 0V 和 5V；3 脚 V0 不接；4 脚 RS 与单片机的 P2.4 连接；5 脚 R/W 是读/写选择端，与单片机的 P2.5 连接；6 脚是并行的使能信号，与单片机的 P2.6

连接；7～14 脚是数据线，与单片机 P1 口连接；15 脚是串/并行选择端，本例中选择并行接法，所以此脚接 5V；16 脚为空脚，不接；17 脚是复位引脚，低电平有效，本例中不接；18 脚是倍压输出端，本例中不接；19 和 20 脚是背光电源，分别接 5V 和 0V。

2．硬件电路原理图

有了设计思路后，可以将思路转换成电路图，如图 4-1-2 所示。

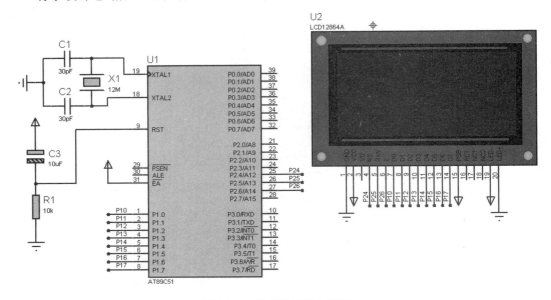

图 4-1-2　液晶显示屏电路图

根据电路原理图，确定本任务所需要的元器件清单，见表 4-1-2。

表 4-1-2　液晶显示屏电路元器件清单

序　号	名　　称	型　　号	数量（个）
1	单片机	AT89C51	1
2	液晶显示屏	LCD12864A	1
3	电阻：RES	10kΩ	1
4	电容：CAP	30pF	2
		10μF	1
5	晶振：CRYSTAL	12MHz	1

打开 Proteus 仿真软件，根据原理图及元器件清单，绘制液晶显示屏电路原理图。其中 LCD12864A 模型默认是没有的，可以从网上下载模型加到库里使用，方法如下：

（1）从网上下载 LCD12864A 仿真模型。

（2）打开该模型的仿真文件，单击菜单"库"→"编译到库中"。

（3）复制压缩包内文件 LCD12864A.dll 到 Protues 安装目录中。

二、软件设计与调试

1．软件设计思路

（1）相关指令介绍

①清除显示。

RW	RS	DB7	DB6	DB5	DB4	DB3	DB2	DB1	DB0
L	L	L	L	L	L	L	L	L	H

功能：清除显示屏幕，把 DDRAM 位址计数器调整为"00H"。

②位址归位。

RW	RS	DB7	DB6	DB5	DB4	DB3	DB2	DB1	DB0
L	L	L	L	L	L	L	L	H	X

功能：把 DDRAM 位址计数器调整为"00H"，游标回原点，该功能不影响显示 DDRAM。

③进入点设定。

RW	RS	DB7	DB6	DB5	DB4	DB3	DB2	DB1	DB0
L	L	L	L	L	L	L	H	I/D	S

功能：执行该命令后，所设置的行将显示在屏幕的第一行。显示起始行是由 Z 地址计数器控制的，该命令自动将 A0～A5 位地址送入 Z 地址计数器，起始地址可以是 0～63 内任意一行。Z 地址计数器具有循环计数功能，用于显示行扫描同步，扫描完一行后自动加 1。

④显示状态开/关。

RW	RS	DB7	DB6	DB5	DB4	DB3	DB2	DB1	DB0
L	L	L	L	L	L	H	D	C	B

功能：D=1，整体显示 ON；C=1，游标 ON；B=1，游标位置 ON。

⑤游标或显示移位控制。

RW	RS	DB7	DB6	DB5	DB4	DB3	DB2	DB1	DB0
L	L	L	L	L	H	S/C	R/L	X	X

功能：设定游标的移动与显示的移位控制位，这个指令并不改变 DDRAM 的内容。

⑥功能设定。

RW	RS	DB7	DB6	DB5	DB4	DB3	DB2	DB1	DB0
L	L	L	L	H	DL	X	RE	X	X

功能：DL=1（必须设为 1）；RE=1，扩充指令集动作；RE=0，基本指令集动作。

⑦设定 CGRAM 位址。

RW	RS	DB7	DB6	DB5	DB4	DB3	DB2	DB1	DB0
L	L	L	H	AC5	AC4	AC3	AC2	AC1	AC0

功能：设定 CGRAM 位址到位址计数器（AC）。

⑧设定 DDRAM 位址。

RW	RS	DB7	DB6	DB5	DB4	DB3	DB2	DB1	DB0
L	L	H	AC6	AC5	AC4	AC3	AC2	AC1	AC0

功能：设定 DDRAM 位址到位址计数器（AC）。

⑨读取忙碌状态（BF）和位址。

RW	RS	DB7	DB6	DB5	DB4	DB3	DB2	DB1	DB0
L	H	BF	AC6	AC5	AC4	AC3	AC2	AC1	AC0

功能：读取忙碌状态（BF）可以确认内部动作是否完成，同时可以读出位址计数器（AC）的值。

⑩写资料到 RAM。

RW	RS	DB7	DB6	DB5	DB4	DB3	DB2	DB1	DB0
H	L	D7	D6	D5	D4	D3	D2	D1	D0

功能：写入资料到内部 RAM（DDRAM/CGRAM/TRAM/GDRAM）。

⑪读出 RAM 的资料。

RW	RS	DB7	DB6	DB5	DB4	DB3	DB2	DB1	DB0
H	H	D7	D6	D5	D4	D3	D2	D1	D0

功能：从内部 RAM 读取资料（DDRAM/CGRAM/TRAM/GDRAM）。

⑫待命模式（12H）。

RW	RS	DB7	DB6	DB5	DB4	DB3	DB2	DB1	DB0
L	L	L	L	L	L	L	L	L	H

功能：进入待命模式，执行其他命令可终止待命模式。

⑬卷动位址或 IRAM 位址选择（13H）。

RW	RS	DB7	DB6	DB5	DB4	DB3	DB2	DB1	DB0
L	L	L	L	L	L	L	L	H	SR

功能：SR=1，允许输入卷动位址；SR=0，允许输入 IRAM 位址。

⑭反白选择（14H）。

RW	RS	DB7	DB6	DB5	DB4	DB3	DB2	DB1	DB0
L	L	L	L	L	L	L	H	R1	R0

功能：选择 4 行中的任一行进行反白显示，并可决定反白与否。

⑮睡眠模式（015H）。

RW	RS	DB7	DB6	DB5	DB4	DB3	DB2	DB1	DB0
L	L	L	L	L	L	H	SL	X	X

功能：SL=1，脱离睡眠模式；SL=0，进入睡眠模式。

⑯扩充功能设定（016H）。

RW	RS	DB7	DB6	DB5	DB4	DB3	DB2	DB1	DB0
L	L	L	L	H	H	X	1RE	G	L

功能：RE=1，扩充指令集动作；RE=0，基本指令集动作；G=1，绘图显示 ON；G=0，绘图显示 OFF。

⑰设定 IRAM 位址或卷动位址（017H）。

RW	RS	DB7	DB6	DB5	DB4	DB3	DB2	DB1	DB0
L	L	L	H	AC5	AC4	AC3	AC2	AC1	AC0

功能：SR=1，AC5～AC0 为垂直卷动位址；SR=0，AC3～AC0 写 ICONRAM 位址。

⑱设定绘图 RAM 位址（018H）。

RW	RS	DB7	DB6	DB5	DB4	DB3	DB2	DB1	DB0
L	L	H	AC6	AC5	AC4	AC3	AC2	AC1	AC0

功能：设定 GDRAM 位址到位址计数器（AC）。

（2）编程思路

编程时，先进行引脚定义，显示内容存入表格（因为带中文字库，所以直接以中文的形式存入，不需要用字模软件生成代码），初始化液晶显示屏，然后分别显示第一、二、三屏。

其中，初始化程序需要设定使用基本指令，绘图显示 OFF，显示状态设为 OFF，清除显示，设置输入模式地址递增，开显示功能，设置游标关。

每屏显示时，先送每行的首地址（0x80、0x90、0x88、0x98），再依次送入数据。

2．绘制程序流程图

有了设计思路后，可以将思路转换成流程图，如图 4-1-3 所示。

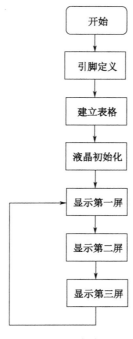

图 4-1-3　程序流程图

3．编写程序

根据流程图可以编写如下程序：

```
#include <reg51.h>
#define LCDP   P1        //定义P1口为数据线
sbit RS  =   P2^4;       //暂存器选择位元(0, 指令; 1, 资料)
sbit RW  =   P2^5;       //设定读写位元(0, 写入; 1, 读取)
sbit E   =   P2^6;       //使能位元(0, 禁能; 1, 使能)
sbit BF  =   P1^7;       //忙碌检查位元(0, 不忙; 1, 忙碌), 数据线的最高位
                         //液晶实物中没有BF这个脚, 实物不用接线
char code line1[]="   广州市        ";    //第1次显示字串(第1行)
char code line2[]="  轻工技师学院   ";    //第1次显示字串(第2行)
char code line3[]="   广州市        ";    //第1次显示字串(第3行)
char code line4[]="轻工高级技工学校";    //第1次显示字串(第4行)
char code line5[]="国家重点公办院校";    //第2次显示字串(第1行)
char code line6[]="                ";    //第2次显示字串(第2行)
char code line7[]="网址 http: //www.";   //第2次显示字串(第3行)
char code line8[]=" gzslits.com.cn ";    //第2次显示字串(第4行)
char code line9[]="招生热线:        ";    //第3次显示字串(第1行)
char code line10[]=" 020-87481623  ";    //第3次显示字串(第2行)
char code line11[]="     84423747  ";    //第3次显示字串(第3行)
char code line12[]="     34466202  ";    //第3次显示字串(第4行)
void init_LCM(void);                     //声明初始化程序
void write_inst(char);                   //声明写入指令程序
void write_char(char);                   //声明写入字元资料程序
void check_BF(void);                     //声明检查忙碌程序
void delay1ms(int);                      //声明延时程序
// ============ 主程序 ============================
main()
{char i;                                 //声明变量
init_LCM();                              //调用初始化程序
while(1)                                 //无限循环

{write_inst(0x80);                       //指定第一行位置
for (i=0;i<16;i++)                       //循环
write_char(line1[i]);                    //显示16个字

write_inst(0x90);                        //指定第二行位置
for (i=0;i<16;i++)                       //循环
write_char(line2[i]);                    //显示16个字

write_inst(0x88);                        //指定第三行位置
for (i=0;i<16;i++)                       //循环
write_char(line3[i]);                    //显示16个字

write_inst(0x98);                        //指定第四行位置
for (i=0;i<16;i++)                       //循环
write_char(line4[i]);                    //显示16个字
delay1ms(5000);                          //延迟5秒
```

```
    write_inst(0x80);                       //指定第一行位置
    for (i=0;i<16;i++)                      //循环
    write_char(line5[i]);                   //显示16个字

    write_inst(0x90);                       //指定第二行位置
    for (i=0;i<16;i++)                      //循环
    write_char(line6[i]);                   //显示16个字

    write_inst(0x88);                       //指定第三行位置
    for (i=0;i<16;i++)                      //循环
    write_char(line7[i]);                   //显示16个字

    write_inst(0x98);                       //指定第四行位置
    for (i=0;i<16;i++)                      //循环
    write_char(line8[i]);                   //显示16个字
    delay1ms(5000);                         //延迟5秒

    write_inst(0x80);                       //指定第一行位置
    for (i=0;i<16;i++)                      //循环
    write_char(line9[i]);                   //显示16个字
    write_inst(0x90);                       //指定第二行位置
    for (i=0;i<16;i++)                      //循环
    write_char(line10[i]);                  //显示16个字

    write_inst(0x88);                       //指定第三行位置
    for (i=0;i<16;i++)                      //循环
    write_char(line11[i]);                  //显示16个字

    write_inst(0x98);                       //指定第四行位置
    for (i=0;i<16;i++)                      //循环
    write_char(line12[i]);                  //显示16个字
    delay1ms(5000);                         //延迟5秒


}                                           //while结束
}                                           //主程序main()结束
//====初始化子程序===================
void init_LCM(void)
{write_inst(0x30);     //设定功能-基本指令
write_inst(0x08);      //显示功能-关显示幕-无游标-游标不闪
write_inst(0x01);      //清除显示幕(填0x20, I/D=1)
write_inst(0x06);      //输入模式-位址递增-关显示幕（只要给出首地址即可）
write_inst(0x0c);      //显示功能-开显示幕-无游标-游标不闪
}                      //init_LCM()函数结束
//==== 写指令子程序 =============================
void write_inst(char inst)
```

```
{check_BF();                    //检查是否忙碌
LCDP = inst;                    //LCM读入MPU指令
RS = 0; RW = 0; E = 1;          //写入指令至LCM
check_BF();                     //检查是否忙碌
}                               //write_inst()函数结束
//==== 写数据子程序 ===============================
void write_char(char chardata)
{check_BF();                    //检查是否忙碌
LCDP = chardata;                //LCM读入字元
RS = 1; RW = 0 ;E = 1;          //写入资料至LCM
check_BF();                     //检查是否忙碌
}                               //write_char()函数结束
//====检查忙碌子程序==============================
void check_BF(void)
{E=0;                           //禁止读写动作
do                              //do-while循环开始
{    BF=1;                      //设定BF为输入
RS = 0; RW = 1;E = 1;           //读取BF及AC
}while(BF == 1);                //忙碌继续等
}                               //check_BF()函数结束
//==== 延时1ms子程序 ==============================
void delay1ms(int x)
{int i, j;                      //声明变量
for (i=0;i<x;i++)               //执行x次，延迟x×1ms
for (j=0;j<120;j++);//执行120次，延迟1ms
}                               //delay1ms()函数结束
```

4．编译、调试程序

在编辑窗口输入源代码后，单击左上方的 ▦ 按钮即可进行编译与连接，输出窗口显示"0 个错误，0 个警告"，表明没有语法错误，可以调试。因仿真软件中自带 12864 模型的引脚和实物不一样，编程方法也有不同，网上下载的模型引脚虽一样，但编程也有点不一样，所以本例不介绍仿真，直接在实物中调试。

5．程序下载

编译好程序后，下载到单片机。

6．在开发板上实现的效果

根据前面的硬件电路图，进行实物接线，接好后通电，效果如图4-1-4所示。

图4-1-4　实物效果图

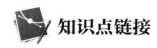 **知识点链接**

一、液晶显示模块概述

J12864 中文汉字图形点阵液晶显示屏可显示汉字及图形，内置 8192 个中文汉字（16×16 点阵）、128 个字符（8×16 点阵）及 64×256 点阵显示 RAM（GDRAM）。

主要技术参数和显示特性如下。

电源：VDD3.3～5V（内置升压电路，不需要负压）。

显示内容：128 列×64 行。

显示颜色：黄绿/蓝屏。

显示角度：6 点钟直视。

LCD 类型：STN。

与 MCU 接口：8 位或 4 位并行/3 位串行。

其他特性：配置 LED 背光，有多种软件功能，如光标显示、画面移位、自定义字符、睡眠模式等。

二、外形尺寸

外观尺寸：93mm×70mm×12.5mm。

视域尺寸：73mm×39mm。

外形尺寸如图 4-1-5 所示。

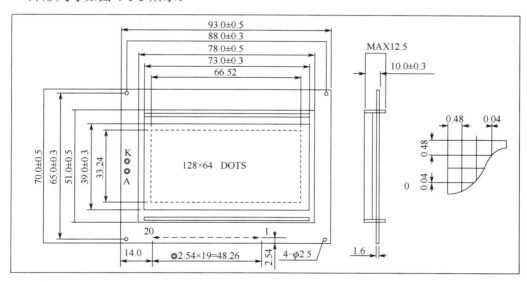

图 4-1-5　外形尺寸

三、接口时序

模块有并行和串行两种连接方法。

MPU 写资料到模块时序图如图 4-1-6 所示。

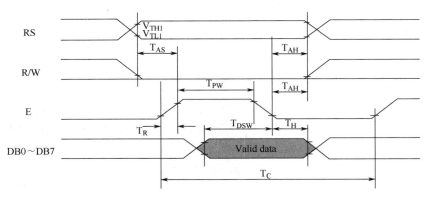

图 4-1-6 MPU 写资料到模块时序图

MPU 从模块读出资料时序图如图 4-1-7 所示。

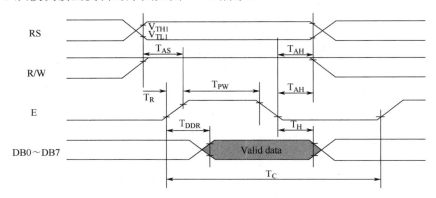

图 4-1-7 MPU 从模块读出资料时序图

四、用户指令集

1. 指令集 1（RE=0：基本指令集）（表 4-1-3）

表 4-1-3 基本指令集

指　令	指　令　码										说　明	执行时间 540kHz
	RS	RW	DB7	DB6	DB5	DB4	DB3	DB2	DB1	DB0		
清除显示	0	0	0	0	0	0	0	0	0	1	将 DDRAM 填满 "20H"，并且设定 DDRAM 的地址计数器（AC）到 "00H"	4.6ms
地址归位	0	0	0	0	0	0	0	0	1	X	设定 DDRAM 的地址计数器（AC）到 "00H"，并且将游标移到开头原点位置；这个指令并不改变 DDRAM 的内容	4.6ms

续表

指　令	RS	RW	DB7	DB6	DB5	DB4	DB3	DB2	DB1	DB0	说　明	执行时间540kHz
进入点设定	0	0	0	0	0	0	0	1	I/D	S	在读取与写入资料时，设定游标移动方向及指定显示的移位	72μs
显示状态开/关	0	0	0	0	0	0	1	D	C	B	D=1：整体显示 ON C=1：游标 ON B=1：游标位置 ON	72μs
游标或显示移位控制	0	0	0	0	0	1	S/C	R/L	X	X	设定游标的移动与显示的移位控制位元，这个指令并不改变 DDRAM 的内容	72μs
功能设定	0	0	0	0	1	DL	X	RE	X	X	DL=1（必须设为 1） RE=1：扩充指令集动作 RE=0：基本指令集动作	72μs
设定 CGRAM 地址	0	0	0	1	AC5	AC4	AC3	AC2	AC1	AC0	设定 DDRAM 地址到地址计数器（AC）	72μs
读取忙碌标志（BF）和地址	0	1	BF	AC6	AC5	AC4	AC3	AC2	AC1	AC0	读取忙碌标志（BF）可以确认内部动作是否完成，同时可以读出地址计数器（AC）的值	0μs
写资料到 RAM	1	0	D7	D6	D5	D4	D3	D2	D1	D0	写入资料到内部 RAM（DDRAM/CGRAM/IRAM/GDRAM）	72μs
读出 RAM 的资料	1	1	D7	D6	D5	D4	D3	D2	D1	D0	从内部 RAM 读取资料（DDRAM/CGRAM/IRAM/GDRAM）	72μs

2．指令集 2（RE=1：扩充指令集）（表 4-1-4）

表 4-1-4　扩充指令集

指令	RS	RW	DB7	DB6	DB5	DB4	DB3	DB2	DB1	DB0	说　明	执行时间540kHz
待命模式	0	0	0	0	0	0	0	0	0	1	将 DDRAM 填满"20H"，并且设定 DDRAM 的地址计数器（AC）到"00H"	72μs

续表

指令	RS	RW	DB7	DB6	DB5	DB4	DB3	DB2	DB1	DB0	说　明	执行时间 540kHz
卷动地址或IRAM地址选择	0	0	0	0	0	0	0	0	1	SR	SR=1：允许输入垂直卷动地址 SR=0：允许输入IRAM地址	72μs
反白选择	0	0	0	0	0	0	0	1	R1	R0	选择4行中的任一行进行反白显示，并可决定反白与否	72μs
睡眠模式	0	0	0	0	0	0	1	SL	X	X	SL=1：脱离睡眠模式 SL=0：进入睡眠模式	72μs
扩充功能设定	0	0	0	0	1	1	X	RE	G	0	RE=1：扩充指令集动作 RE=0：基本指令集动作 G=1：绘图显示 ON G=0：绘图显示 OFF	72μs
设定IRAM地址或卷动地址	0	0	0	1	AC5	AC4	AC3	AC2	AC1	AC0	SR=1：AC5～AC0为垂直卷动地址 SR=0：AC3～AC0为ICONIRAM地址	72μs
设定绘图RAM地址	0	0	1	AC6	AC5	AC4	AC3	AC2	AC1	AC0	设定 CGRAM 地址到地址计数器（AC）	72μs

五、显示坐标关系

图形显示坐标如图 4-1-8 所示。水平方向以字节为单位，垂直方向以位为单位。汉字显示坐标见表 4-1-5。

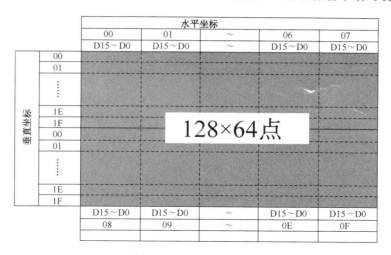

图 4-1-8　图形显示坐标

表 4-1-5　汉字显示坐标

	X 坐标							
Line1	80H	81H	82H	83H	84H	85H	86H	87H
Line2	90H	91H	92H	93H	94H	95H	96H	97H
Line3	88H	89H	8AH	8BH	8CH	8DH	8EH	8FH
Line4	98H	99H	9AH	9BH	9CH	9DH	9EH	9FH

六、显示 RAM

1．文本显示 RAM（DDRAM）

文本显示 RAM 提供 4 行、每行 8 个字的汉字空间。当写入文本显示 RAM 时，可以分别显示 CGROM、HCGROM 与 CGRAM 的字型；ST7920A 可以显示三种字型，分别是半宽的 HCGROM 字型、CGRAM 字型及中文 CGROM 字型。三种字型由在 DDRAM 中写入的编码选择，各种字型详细编码如下。

显示半宽字型：将一字节写入 DDRAM 中，范围为 02H～7FH 的编码。

显示 CGRAM 字型：将两字节编码写入 DDRAM 中，共有 0000H、0002H、0004H、0006H 四种编码。

显示中文字型：将两字节编码写入 DDRAM 中，范围为 A1A0H～F7FFH（GB 码）或 A140H～D75FH（BIG5 码）的编码。

2．绘图 RAM（GDRAM）

绘图 RAM 提供 128×8 字节的存储空间。在更改绘图 RAM 时，先连续写入水平与垂直的坐标值，再写入两字节的数据到绘图 RAM，而地址计数器（AC）会自动加 1。在写入绘图 RAM 的过程中，绘图显示必须关闭。

写入绘图 RAM 的步骤如下：关闭绘图显示功能，将水平的位元组坐标（X）写入绘图 RAM 地址，将垂直的坐标（Y）写入绘图 RAM 地址，将 D15～D8 写入 RAM，将 D7～D0 写入 RAM，打开绘图显示功能。

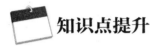 知识点提升

一、实例一

上例中，主程序的编写缺乏灵活性，如果显示多屏的话，则要编写多段程序，下面用循环的方法实现。

（1）为了方便实现，表格代码由一维表格改成二维表格。

```
char code line[ ][32]={
{"    广州市       "},
{"   轻工技师学院   "},
{"    广州市       "},
{"轻工高级技工学校"},
{"国家重点公办院校"},
{"               "},
{"网址 http: //www."},
{"  gzslits.com.cn "},
{"招生热线:       "},
{"  020－87481623  "},
{"       84423747  "},
{"       34466202  "},
};
```

（2）主程序修改如下。

```
main()
{char i, j;                          //声明变量
init_LCM();                          //初始设定
while(1)                             //无限循环
{ for(j=0;j<3;j++)
{write_inst(0x80);                   //指定第一行位置
for (i=0;i<16;i++)                   //循环
write_char(line[4*j][i]);            //显示16个字

write_inst(0x90);                    //指定第二行位置
for (i=0;i<16;i++)                   //循环
write_char(line[4*j+1][i]);          //显示16个字

write_inst(0x88);                    //指定第三行位置
for (i=0;i<16;i++)                   //循环
write_char(line[4*j+2][i]);          //显示16个字

write_inst(0x98);                    //指定第四行位置
```

```
    for (i=0;i<16;i++)                    //循环
    write_char(line[4*j+3][i]);           //显示16个字
    delay1ms(3000);                       //延迟3秒
    }


    }                                     //while结束
}                                         //主程序main()结束
```

二、实例二

用 12864 液晶屏显示如图 4-1-9 所示的图形。

图 4-1-9　图形

1. 任务分析

绘图 RAM 的结构如图 4-1-8 所示。液晶屏里都是点阵，绘图 RAM 可以给这些点阵置 1 或置 0，它本来是 32 行×256 列的，但是分成了上下两屏显示，每个点对应屏幕上的一个点。要使用绘图功能需要开启扩展指令集，然后写地址，再读写数据。

GDRAM 的基本操作单位是一个字，也就是 2 字节。读写 GDRAM 时一次最少写 2 字节，一次最少读 2 字节。

写数据：先开启扩展指令集（0x36），然后送地址。这里的地址与 DDRAM 中的略有不同，DDRAM 中的地址只有一个，那就是字地址。而 GDRAM 中的地址有两个，分别是页地址（列地址/水平地址 X）和位地址（行地址/垂直地址 Y）。图 4-1-8 中的垂直地址就是 00H～31H，水平地址就是 00H～15H，写地址时先写垂直地址（行地址），再写水平地址（列地址），也就是连续写入两个地址，然后再连续写入 2 字节的数据。如图 4-1-8 所示，左边为高字节，右边为低字节。为 1 的点被描黑，为 0 的点则显示空白。

这里列举一个写地址的例子：写 GDRAM 地址指令是 0x80+地址。被加上的地址就是上面列举的 X 和 Y，假设我们要写第一行的 2 字节，那么写入地址就是 0x80+00H（写行地址），然后写 0x80+00H（列地址），之后才连续写入 2 字节的数据（先高字节后低字节）。再如，写屏幕右下角的 2 字节，先写行地址 0x80+32，再写列地址 0x80+15，然后连续写入 2 字节的数据。编程时写地址函数中直接用参数（0x80+32），而不必自己相加。

另外，图形的编码可以用取模软件生成。先做成 64×64 像素的 BMP 格式的图片，然后导入取模软件中，生成相应的代码，如图 4-1-10、图 4-1-11 所示。

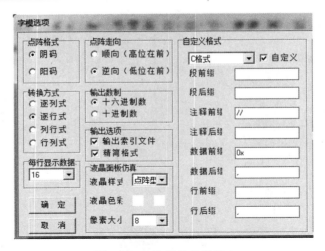

图 4-1-10 取模软件设置 1

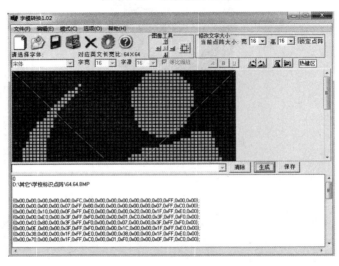

图 4-1-11 取模软件设置 2

2．程序编写

根据分析可以编写如下程序。

```
//*********************************************************
//********************显示轻工的LOGO图标（居中显示）*********
//*********************************************  ***********
#include <reg51.h>
#define LCDP   P1 //   定义P1口为数据线
sbit RS   =   P2^4;   //   暂存器选择位元(0, 指令; 1, 资料)
sbit RW   =   P2^5;   //   设定读写位元(0, 写入; 1, 读取)
sbit E    =   P2^6;   //   使能位元(0, 禁能; 1, 使能)
sbit BF   =   P1^7;   //   忙碌检查位元(0, 不忙; 1, 忙碌), 数据线的最高位
char code tuxing[]=
{0x00, 0x00, 0x00, 0x00, 0x00, 0xFC, 0x00, 0x00, 0x00, 0x00, 0x00, 0x00,
```

```
0x03, 0xFF, 0x00, 0x00,
     0x00, 0x00, 0x00, 0x00, 0x07, 0xFF, 0x80, 0x00, 0x00, 0x00, 0x00, 0x00,
0x07, 0xFF, 0xC0, 0x00,
     0x00, 0x00, 0x10, 0x00, 0x0F, 0xFF, 0xE0, 0x00, 0x00, 0x00, 0x20, 0x00,
0x1F, 0xFF, 0xE0, 0x00,
     0x00, 0x00, 0xE0, 0x00, 0x3F, 0xFF, 0xF0, 0x00, 0x00, 0x01, 0xC0, 0x00,
0x3F, 0xFF, 0xF0, 0x00,
     0x00, 0x03, 0x80, 0x00, 0x3F, 0xFF, 0xF0, 0x00, 0x00, 0x07, 0x00, 0x00,
0x3F, 0xFF, 0xF0, 0x00,
     0x00, 0x0E, 0x00, 0x00, 0x3F, 0xFF, 0xF0, 0x00, 0x00, 0x1C, 0x00, 0x00,
0x1F, 0xFF, 0xE0, 0x00,
     0x00, 0x38, 0x00, 0x00, 0x1F, 0xFF, 0xE0, 0x00, 0x00, 0x38, 0x00, 0x00,
0x1F, 0xFF, 0xE0, 0x00,
     0x00, 0x70, 0x00, 0x00, 0x1F, 0xFF, 0xC0, 0x00, 0x01, 0xF0, 0x00, 0x00,
0x0F, 0xFF, 0xC0, 0x00,
     0x01, 0xF0, 0x00, 0x00, 0x0F, 0xFF, 0x80, 0x00, 0x03, 0xE0, 0x00, 0x00,
0x07, 0xFF, 0x00, 0x00,
     0x07, 0xE0, 0x00, 0x00, 0x01, 0xFE, 0x1F, 0x80, 0x07, 0xE0, 0x00, 0x00,
0x00, 0x78, 0x1F, 0x80,
     0x07, 0xC0, 0x00, 0x00, 0x00, 0x00, 0xFF, 0xC0, 0x0F, 0xC0, 0x00, 0x00,
0x00, 0x03, 0xFF, 0xC0,
     0x0F, 0xC0, 0x00, 0x00, 0x00, 0x3F, 0xFF, 0xC0, 0x1F, 0xC0, 0x00, 0x00,
0x07, 0xFF, 0xFF, 0xE0,
     0x1F, 0xC0, 0x00, 0x00, 0x07, 0xFF, 0xFF, 0xE0, 0x1F, 0xC0, 0x00, 0x00,
0x3F, 0xFF, 0xFF, 0xE0,
     0x1F, 0xC0, 0x00, 0x00, 0x7F, 0xFF, 0xFF, 0xF0, 0x1F, 0xC0, 0x00, 0x00,
0x7F, 0xFF, 0xFF, 0xF0,
     0x3F, 0xC0, 0x00, 0x00, 0x7F, 0xFF, 0xFF, 0xF0, 0x3F, 0xC0, 0x00, 0x00,
0x7F, 0xFF, 0xFF, 0xF0,
     0x3F, 0xC0, 0x00, 0x00, 0x7F, 0xFF, 0xFF, 0xF0, 0x3F, 0xC0, 0x00, 0x00,
0x7F, 0xFF, 0xFF, 0xF0,
     0x3F, 0xE0, 0x00, 0x00, 0x7F, 0xFF, 0xFF, 0xF0, 0x3F, 0xE0, 0x00, 0x00,
0x7F, 0xFF, 0xFF, 0xF0,
     0x3F, 0xE0, 0x00, 0x00, 0xFF, 0xC7, 0xFF, 0xF0, 0x3F, 0xF0, 0x00, 0x00,
0xFE, 0x07, 0xFF, 0xF0,
     0x3F, 0xF0, 0x00, 0x01, 0xF0, 0x07, 0xFF, 0xF0, 0x1F, 0xF0, 0x00, 0x03,
0x80, 0x07, 0xFF, 0xE0,
     0x1F, 0xF0, 0x00, 0x03, 0x80, 0x07, 0xFF, 0xE0, 0x1F, 0xFC, 0x00, 0x00,
0x00, 0x07, 0xFF, 0xE0,
     0x1F, 0xFE, 0x00, 0x00, 0x00, 0x0F, 0xFF, 0xE0, 0x0F, 0xFF, 0x00, 0x00,
0x00, 0x0F, 0xFF, 0xC0,
     0x0F, 0xFF, 0x80, 0x00, 0x00, 0x0F, 0xFF, 0xC0, 0x0F, 0xFF, 0x80, 0x00,
0x00, 0x0F, 0xFF, 0xC0,
     0x07, 0xFF, 0xF0, 0x00, 0x01, 0x3F, 0xFF, 0x80, 0x07, 0xFF, 0xFE, 0x00,
0x02, 0x3F, 0xFF, 0x80,
     0x03, 0xFF, 0xFE, 0x00, 0x06, 0x3F, 0xFF, 0x80, 0x03, 0xFF, 0xFF, 0xE0,
0x3C, 0x7F, 0xFF, 0x00,
```

```
       0x01, 0xFF, 0xFF, 0xFF, 0xFC, 0xFF, 0xFE, 0x00, 0x00, 0xFF, 0xFF, 0xFF,
0xF9, 0xFF, 0xFE, 0x00,
       0x00, 0x7F, 0xFF, 0xFF, 0xF1, 0xFF, 0xFC, 0x00, 0x00, 0x3F, 0xFF, 0xFF,
0xE7, 0xFF, 0xF8, 0x00,
       0x00, 0x1F, 0xFF, 0xFF, 0x8F, 0xFF, 0xF0, 0x00, 0x00, 0x0F, 0xFF, 0xFE,
0x1F, 0xFF, 0xE0, 0x00,
       0x00, 0x07, 0xFF, 0xFC, 0x3F, 0xFF, 0xC0, 0x00, 0x00, 0x01, 0xFF, 0xF0,
0xFF, 0xFF, 0x80, 0x00,
       0x00, 0x00, 0x07, 0xC3, 0xFF, 0xFF, 0x00, 0x00, 0x00, 0x00, 0x70, 0x0F,
0xFF, 0xFE, 0x00, 0x00,
       0x00, 0x00, 0x1F, 0xFF, 0xFF, 0xF8, 0x00, 0x00, 0x00, 0x00, 0x07, 0xFF,
0xFF, 0xE0, 0x00, 0x00,
       0x00, 0x00, 0x01, 0xFF, 0xFF, 0x80, 0x00, 0x00, 0x00, 0x00, 0x00, 0x7F,
0xFE, 0x00, 0x00, 0x00,
       0x00, 0x00, 0x00, 0x00, 0x00, 0x00, 0x00, 0x00, 0x00, 0x00, 0x00, 0x00,
0x00, 0x00, 0x00, 0x00};        //图形编码
       void init_LCM(void);            //初始设定函数
       void write_inst(char);          //写入指令函数
       void write_char(char);          //写入字元资料函数
       void check_BF(void);            //检查忙碌函数
       void clean(void);               //清除图形子程序


// ============ 主程序 ==========================
main()
{char i;                        //声明变量
char y=0;                       //列地址变量
char x=0;                       //页变量
init_LCM();                     //初始设定
clean();                        //调用清除图形子程序
while(1)                        //无限循环
{ for(y=0;y<32;y++)             //上半屏的1～32点阵行
{ for(x=2;x<6;x++)              //第2～6页
{write_inst(0x80+y);            //第y点阵行
write_inst(0x80+x);             //第x页
write_char(tuxing[2*(x-2)+8*y]);          //2x和2x+1是相邻的两个数据
                                          //加8y是隔开y个点阵行
write_char(tuxing[2*(x-2)+1+8*y]);        //因为x是2～6，所以要减2
}
}

for(y=0;y<32;y++)                         //下半屏的1～32点阵行
{ for(x=10;x<14;x++)                      //第10～14页
{write_inst(0x80+y);                      //第y点阵行
write_inst(0x80+x);                       //第x页
write_char(tuxing[2*(x-10)+8*y+8*32]);    //2x和2x+1是相邻的两个
                                          //数据，加8y是隔开y个点阵行
write_char(tuxing[2*(x-10)+1+8*y+8*32]);  //因为x是10～14，所以要减10，
```

```
                                      //后半屏再加上一半数据量
                                      //8乘32
}
}
write_inst(0x36);                     //开绘图
while(1);                             //程序停止

}                                     //while结束
}                                     //主程序main()结束
//====初始化子程序====================
void init_LCM(void)
{write_inst(0x34);                    //设定扩展指令集，关绘图


}
//==== 写入指令子程序 ===========================
void write_inst(char inst)
{check_BF();                          //检查是否忙碌
LCDP = inst;                          //LCM读入MPU指令
RS = 0; RW = 0; E = 1;                //写入指令至LCM
check_BF();                           //检查是否忙碌
}                                     //write_inst()函数结束
//==== 写入数据子程序 ===========================
void write_char(char chardata)
{check_BF();                          //检查是否忙碌
LCDP = chardata;                      //LCM读入字元
RS = 1; RW = 0 ;E = 1;                //写入资料至LCM
check_BF();                           //检查是否忙碌
}                                     //write_char()函数结束
//====检查忙碌子程序=========================
void check_BF(void)
{E=0;                                 //禁止读写动作
do                                    //do-while循环开始
{     BF=1;                           //设定BF为输入
RS = 0; RW = 1;E = 1;                 //读取BF及AC
}while(BF == 1);                      //忙碌继续等
}                                     //check_BF()函数结束
//====清除图形子程序==================
void clean(void)
{
unsigned char j, k;
write_inst(0x34);                     //在写GDRAM的地址之前一定要打开扩充指令集
                                      //否则地址写不进去
for(j=0;j<32;j++)
{

write_inst(0x80+j);                   //写Y坐标
```

```
    write_inst(0x80);                //写X坐标

    for(k=0;k<32;k++)                //写一整行数据
    {
    write_char(0x00);
    }
  }
}
```

3. 实物效果

根据硬件图接线，下载程序，显示效果如图 4-1-12 所示。

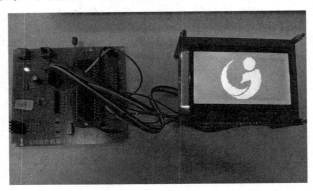

图 4-1-12　液晶显示屏显示图形

任务评估

任务评估见表 4-1-6。

表 4-1-6　任务评估表

评价项目	评价标准		得　分
硬件设计	能正确分析液晶显示屏的工作原理	10 分	
	可以自主画出显示屏和单片机的电路连接图	10 分	
软件设计与调试	掌握文字显示的原理	10 分	
	正确理解 12864 指令集的用法	20 分	
	能根据任务分析，正确绘制程序流程图	10 分	
	熟练使用 Proteus 和 Keil μVision3 软件，完成程序的设计与调试	20 分	
软硬件调试	能正确使用 STC-ISP-V488 程序下载软件，完成程序的下载，并根据接线图正确完成液晶显示屏与最小系统模块的接线	10 分	
团队合作	各成员分工协作，积极参与	10 分	

思考题

（1）把上述两个例子组合在一起，先显示图形，再分三屏显示汉字，试修改程序实现。

（2）不要用自带中文字库，用显示图形的原理来显示汉字（如显示一首古诗），试编程实现。

学习任务二：家居报警系统的设计与调试

任务描述

在单片机开发板上接上红外光电、烟雾、煤气传感器模块和按钮模块，再接蜂鸣器模块、液晶显示屏模块，组成简单的家居报警系统，实现如下功能。

（1）电路正常，没有任何报警，液晶显示屏显示如下信息：

```
{"    家居报警系统    "}
{"保护您的家庭安全"}
{"      现在状态      "}
{"         安全         "}
```

（2）当红外光电传感器有动作时，蜂鸣器响，液晶显示屏显示如下信息：

```
{"      红外报警      "}
{"      有人进入      "}
{"                      "}
{"      请检查!        "}
```

（3）当烟雾传感器有动作时，蜂鸣器响，液晶显示屏显示如下信息：

```
{"      烟雾报警      "}
{"      有火或烟      "}
{"                      "}
{"      请检查!        "}
```

（4）当煤气传感器有动作时，蜂鸣器响，液晶显示屏显示如下信息：

```
{"      煤气报警      "}
{"      煤气泄漏      "}
{"                      "}
{"      请检查!        "}
```

（5）当有报警动作时，只有按下解除警报按钮才能解除警报。

任务目标

（1）正确掌握红外光电、烟雾、煤气传感器模块的工作原理。
（2）能根据任务要求，自主设计与绘制家居报警系统的硬件电路。
（3）正确掌握传感器和液晶显示屏在单片机中的用法。
（4）会根据流程图，编程实现家居报警系统中的红外光电、烟雾和煤气传感器的报警。
（5）能根据硬件电路图，完成单片机最小系统与传感器、液晶显示屏、蜂鸣器的接线，通电后，实现报警。
建议课时：12 课时

 任务分析

为了方便实现和简化电路，本任务的输入传感器可以采用集成模块，当有信号时，直接以数字量输出，方便单片机检测；输出用蜂鸣器模块和液晶显示屏模块。

 任务实施

一、硬件电路设计

1．硬件设计思路

（1）红外光电传感监控报警电路
采用光电式传感器 E18-D80NK，如图 4-2-1 所示。

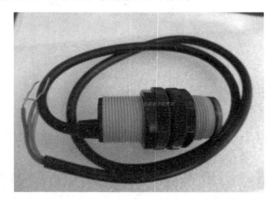

图 4-2-1　光电式传感器 E18-D80NK

这是一种集发射与接收于一体的红外光电传感器,检测距离可以根据要求进行调节。该传感器具有探测距离远、受可见光干扰小、价格便宜、易于装配、使用方便等特点。工作电压为直流 5V，消耗电流小于 25mA，距离为 3～80cm，响应时间小于 2ms。

该传感器输出 TTL 电平,在有效距离内有障碍物则输出低电平,可以被单片机识别,使单片机做出反应。在电路中可以在输出端加 10kΩ 上拉电阻,再接入单片机检测,这样会比较稳定。

（2）防火防烟、防煤气泄漏报警电路

该电路可采用 MQ 系列传感器,防火防烟可用 MQ-2 型,防煤气泄漏可用 MQ-5 型,两者外形、用法类似。该系列传感器具有双路信号输出（模拟量输出及 TTL 电平输出）,TTL 输出有效信号为低电平。其还具有较长的使用寿命、可靠的稳定性和快速的响应恢复特性。

本例中采用模块电路,该模块如图 4-2-2 所示,当可燃气体或烟雾超过一定浓度时,传感器的电阻变小,运放输出端输出低电平,触发单片机报警。

（3）蜂鸣器报警电路

该电路采用蜂鸣器模块,如图 4-2-3 所示。我们用有源蜂鸣器,单片机只要输出 0V 信号到该模块,三极管 9012 就接通,蜂鸣器也接通,此时蜂鸣器响。单片机输出 5V 信号则不响。在实际应用中,可以通过继电器再接高分贝蜂鸣器来实现高分贝报警。

图 4-2-2　MQ 系列传感器

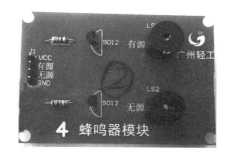

图 4-2-3　蜂鸣器模块

（4）电路整体连接

单片机接最小系统,红外光电传感器模块接 P3.3 脚,烟雾传感器模块接 P3.4 脚,煤气传感器模块接 P3.5 脚,蜂鸣器模块接 P3.6 脚,解除警报按钮接 P3.7 脚,液晶显示屏数据线接 P1 口,RS 引脚接 P2.4 脚,RW 引脚接 P2.4 脚;此外,三个传感器模块及蜂鸣器模块、液晶显示屏都要接电源和地。

2. 硬件电路原理图

有了设计思路后,可以将思路转换成电路图,如图 4-2-4 所示。

根据电路原理图,确定本任务所需要的元器件清单,见表 4-2-1。

表 4-2-1　家居报警系统电路的元器件清单

序　号	名　　称	型　　号	数量（个）
1	单片机	AT89C51	1
2	液晶显示屏	12864	1
3	电阻	10kΩ	1
		1kΩ	1
4	按钮：BUTTON	不带自锁	1

续表

序　号	名　称	型　号	数量（个）
5	三极管	9012	1
6	电容：CAP	10μF	1
		30pF	2
7	晶体振荡器：CRYSTAL	12MHz	1
8	红外报警器	手动绘制	1
9	烟雾报警器	手动绘制	1
10	煤气报警器	手动绘制	1

打开 Proteus 仿真软件，根据原理图及元器件清单，绘制家居报警系统的电路原理图。

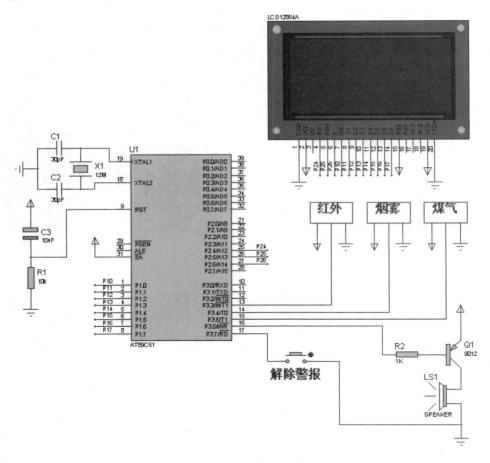

图 4-2-4　家居报警系统电路原理图

二、软件设计与调试

1．软件设计思路

编程时，先进行引脚定义，为液晶显示屏要显示的信息建立二维数组表格，初始化液晶显示屏和蜂鸣器，检测各传感器和按钮的状态（低电平即有效），把检测到的信息记录下来（用变量 j 来记录），再调用相应的液晶显示程序，有报警则蜂鸣器响。

在液晶显示子程序中，可以用 j 来控制第几屏显示。j=0 表示没警报，否则有相应的警报。

2．绘制程序流程图

根据软件设计思路，绘制程序流程图，如图 4-2-5 所示。

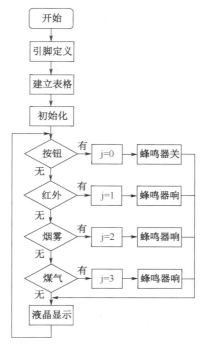

图 4-2-5　程序流程图

3．编写程序

根据程序流程图，编写程序如下：

```c
#include <reg51.h>        //头文件定义
#define LCDP  P1          //定义LCM数据线接至P1口
sbit RS    =    P2^4;     //暂存器选择位元(0，指令；1，资料)
sbit RW    =    P2^5;     //设定读写位元(0，写入；1，读取)
sbit E     =    P2^6;     //使能位元(0，禁能；1，使能)
sbit BF    =    P1^7;     //忙碌检查位元(0，不忙；1，忙碌)，数据线的最高位
sbit hongwai=   P3^3;     //接红外光电传感器
sbit yanwu  =   P3^4;     //接烟雾传感器
sbit meiqi  =   P3^5;     //接煤气传感器
sbit speaker=   P3^6;     //接蜂鸣器
sbit reset  =   P3^7;     //接解除警报按钮
char code line[][32]={    //二维数组表格
{"  家居报警系统  "},
{"保护您的家庭安全"},
```

```
{"      现在状态      "},
{"        安全        "},
{"      红外报警      "},
{"      有人进入      "},
{"                    "},
{"      请检查!       "},
{"      烟雾报警      "},
{"      有火或烟      "},
{"                    "},
{"      请检查!       "},
{"      煤气报警      "},
{"      煤气泄漏      "},
{"                    "},
{"      请检查!       "},
};
void init_LCM(void);             //声明初始化子程序
void write_inst(char);           //声明写入指令子程序
void write_char(char);           //声明写入字元资料子程序
void check_BF(void);             //声明检查忙碌子程序
void xianshi(void);              //声明液晶显示子程序
int j=0;                         //变量用来存放显示的屏数
// ========================= 主程序 =========================
main()
{init_LCM();                     //调用初始化子程序
speaker=1;                       //蜂鸣器关闭

while(1)                         //无限循环
{if(reset==0){j=0;speaker=1;}    //如果解除警报按钮有输入,则j=0,蜂鸣器关闭
if(hongwai==0){j=1;speaker=0;}   //如果红外有输入,则j=1,蜂鸣器打开
if(yanwu==0){j=2;speaker=0;}     //如果烟雾有输入,则j=2,蜂鸣器打开
if(meiqi==0){j=3;speaker=0;}     //如果煤气有输入,则j=3,蜂鸣器打开

xianshi();                       //调用液晶显示子程序
}                                //while结束
}                                //主程序main()结束
//===================== 液晶显示子程序 =====================
void xianshi(void)
{
int i;
write_inst(0x80);                //指定第一行位置
for (i=0;i<16;i++)               //循环
write_char(line[4*j][i]);        //显示16个字

write_inst(0x90);                //指定第二行位置
for (i=0;i<16;i++)               //循环
write_char(line[4*j+1][i]);      //显示16个字
```

```
write_inst(0x88);                    //指定第三行位置
for (i=0;i<16;i++)                   //循环
write_char(line[4*j+2][i]);          //显示16个字

write_inst(0x98);                    //指定第四行位置
for (i=0;i<16;i++)                   //循环
write_char(line[4*j+3][i]);          //显示16个字
}
//===================初始设定函数(8位元传输模式)=====================
void init_LCM(void)
{write_inst(0x30);    //设定功能-8位元-基本指令
write_inst(0x08);     //显示功能-关显示幕-无游标-游标不闪
write_inst(0x01);     //清除显示幕(填0x20,I/D=1)
write_inst(0x06);     //输入模式-位址递增-关显示幕（只要给出首地址即可）
write_inst(0x0c);     //显示功能-开显示幕-无游标-游标不闪
}                     //init_LCM()函数结束
//==================== 写入指令函数 ========================
void write_inst(char inst)
{check_BF();           //检查是否忙碌
LCDP = inst;           //LCM读入MPU指令
RS = 0; RW = 0; E = 1; //写入指令至LCM
check_BF();            //检查是否忙碌
}                      //write_inst()函数结束
//==================== 写入字元资料函数 ========================
void write_char(char chardata)
{check_BF();           //检查是否忙碌
LCDP = chardata;       //LCM读入字元
RS = 1; RW = 0 ;E = 1; //写入资料至LCM
check_BF();            //检查是否忙碌
}                      //write_char()函数结束
//====================检查忙碌函数==========================
void check_BF(void)
{E=0;                  //禁止读写动作
do                     //do-while循环开始
{    BF=1;             //设定BF为输入
RS = 0; RW = 1;E = 1;  //读取BF及AC
}while(BF == 1);       //忙碌继续等
}                      //check_BF()函数结束
----------------------------------------------------------------
```

4. 编译、调试程序

在编辑窗口输入源代码后，单击左上方的 按钮即可进行编译与连接，输出窗口显示"0 个错误，0 个警告"，表明没有语法错误，可以调试。因仿真软件中自带 12864模型的引脚和实物不一样，编程方法也有不同，网上下载的模型引脚一样，但是编程也有点不一样，所以本例不介绍仿真，直接在实物中调试。

5．程序下载

编译好程序后，下载到单片机。

6．在开发板上实现的效果

根据前面的硬件电路图，进行实物接线，接好后通电，效果如图 4-2-6 所示。

图 4-2-6　实物效果图

当没有报警时，液晶显示屏如图 4-2-7 所示；用手遮挡红外光电传感器时，显示屏如图 4-2-8 所示；把烟靠近 MQ-2 传感器时，显示屏如图 4-2-9 所示；用可燃气体接近 MQ-5 传感器时，显示屏如图 4-2-10 所示。

图 4-2-7　没报警时

图 4-2-8　红外报警

图 4-2-9　烟雾报警

图 4-2-10　煤气报警

思考题

（1）试在上例中加上发光二极管，当有报警时，发光二极管也闪烁。
（2）在显示屏第 0 屏界面上加上时间显示。

知识点链接

一、红外线光电开关

红外线光电开关可用于各种应用场合，在使用红外线光电开关时，应注意环境条件，以使红外线光电开关能够正常可靠地工作。红外线光电开关在环境照度较高时，一般都能稳定工作，但应避免将传感器光轴正对太阳光、白炽灯等强光源。

红外线光电开关利用人眼不可见的红外线（波长为 780nm～1mm）来检测、判别物体。红外线光电开关由发射器、接收器和检测电路三部分组成。发射器对准目标发射光束，发射的光束一般来源于发光二极管（LED）和激光二极管。光束不间断地发射，或者改变脉冲宽度。受脉冲调制的光束辐射强度在发射中经过多次选择，朝着目标不间断地运行。接收器由光电二极管或光电三极管组成。在接收器的前面，装有光学元件，如透镜和光圈等。在其后面是检测电路，它能滤出有效信号和应用该信号。

红外线光电开关按检测方式可分为反射式、对射式和镜面反射式三种类型。对射式检测距离远，可检测半透明物体的密度。反射式的工作距离被限定在光束的交点附近，以避免背景影响。镜面反射式的反射距离较远，适宜做远距离检测，也可检测透明或半透明物体。

红外线光电开关按结构可分为放大器分离型、放大器内藏型和电源内藏型三类。

放大器分离型是将放大器和传感器分离，并采用专用集成电路和混合安装工艺制成，传感器具有超小型和多品种的特点，放大器的作用较多。因此，该类型采用端子台连接方式，并可交、直流电源通用，具有接通和断开延时作用，可设置切换开关，能控制 6 种输出状态，兼有接点和电平两种输出方式。

放大器内藏型是将放大器和传感器一体化，采用专用集成电路和表面安装工艺制成，使用直流电源工作。其响应速度有 0.1ms 和 1ms 两种，能检测狭小和高速运动的物体。改变电源极性可转换亮、暗动，并可设置自诊断稳定工作区指示灯。该类型兼有电压和电流两种输出方式，能防止相互干扰，在系统安装中十分方便。

电源内藏型是将放大器、传感器和电源装置一体化，采用专用集成电路和表面安装工艺制成。它一般使用交流电源，适用于在生产现场取代接触式行程开关，可直接用于强电控制电路，也可自行设置自诊断稳定工作区指示灯，输出备有 SSR 固态继电器或继电器常开、常闭接点，可防止相互干扰，并可紧密安装在系统中。

二、烟雾传感器

烟雾传感器是通过监测烟雾的浓度来实现火灾防范的。烟雾传感器分类如下。

1. 离子式烟雾传感器

烟雾报警器内部一般采用离子式烟雾传感器，离子式烟雾传感器是一种技术先进，工作稳定可靠的传感器，被广泛应用于各种消防报警系统中，性能远优于气敏电阻类的火灾报警器。

2. 光电式烟雾传感器

光电式烟雾传感器内有一个光学迷宫，安装有红外对管，无烟时红外接收管收不到红外发射管发出的红外光；当烟尘进入光学迷宫时，通过折射、反射，接收管接收到红外光，智能报警电路判断是否超过阈值，如果超过则发出警报。

光电式烟雾传感器可分为减光式和散射光式，分述如下。

1）减光式光电烟雾传感器

该传感器的检测室内装有发光器件及受光器件。在正常情况下，受光器件接收到发光器件发出的一定光量；而在有烟雾时，发光器件的发射光受到烟雾的遮挡，使受光器件接收的光量减少，光电流降低，探测器发出报警信号。

2）散射光式光电烟雾传感器

该传感器的检测室内也装有发光器件和受光器件。在正常情况下，受光器件是接收不到发光器件发出的光的，因而不产生光电流。在发生火灾时，当烟雾进入检测室时，由于烟粒子的作用，使发光器件发射的光产生漫射，这种漫射光被受光器件接收，使受光器件的阻抗发生变化，产生光电流，烟雾信号就转变为电信号，探测器收到信号后判断是否需要发出报警信号。

三、燃气传感器

监测可燃性气体泄漏的警报器被广泛用于煤矿和工厂，目前也在家庭里开始普及，用来监测瓦斯、液化石油气、一氧化碳有无泄漏，以预防气体泄漏引起的爆炸，以及不完全燃烧引起的中毒。这些警报器的核心部分就是燃气传感器，它是气体传感器的一种。

从作用机理上，燃气传感器主要分两种：半导体气体传感器和接触燃烧传感器。

半导体气体传感器主要是在 SnO_2 等 N 型氧化物半导体上添加白金或钯等贵金属而构成的。可燃性气体在其表面发生反应，引起 SnO_2 电导率的变化，从而感知可燃性气体的存在。这种反应需要在一定的温度下才能发生，所以还要用电阻丝对传感器进行加热。

接触燃烧传感器是指可燃性气体与催化剂接触并发生燃烧，使得白金线圈的电阻发生变化，从而感知燃气的存在。这种传感器是由载有白金或钯等贵金属催化剂的多孔氧化铝涂覆在白金线圈上构成的。

MQ 系列模块电路图如图 4-2-11 所示。

152

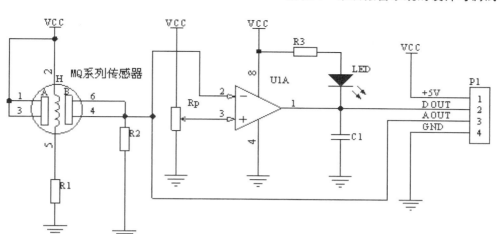

图 4-2-11　MQ 系列模块电路图

四、蜂鸣器

蜂鸣器是一种一体化结构的电子讯响器，采用直流电压供电，广泛应用于计算机、打印机、复印机、报警器、电子玩具、汽车电子设备、电话机、定时器等电子产品中。蜂鸣器在电路中用字母"H"或"HA"（旧标准用"FM""ZZG""LB""JD"等）表示。

1．工作原理

1）压电式蜂鸣器

压电式蜂鸣器主要由多谐振荡器、压电蜂鸣片、阻抗匹配器、共鸣箱、外壳等组成。有的压电式蜂鸣器外壳上还装有发光二极管。

多谐振荡器由晶体管或集成电路构成。当接通电源后（1.5～15V 直流工作电压），多谐振荡器起振，输出 1.5～2.5kHz 的音频信号，阻抗匹配器推动压电蜂鸣片发声。

压电蜂鸣片由锆钛酸铅或铌镁酸铅压电陶瓷材料制成。在陶瓷片的两面镀上银电极，经极化和老化处理后，再与黄铜片或不锈钢片粘在一起。

2）电磁式蜂鸣器

电磁式蜂鸣器由振荡器、电磁线圈、磁铁、振动膜片及外壳等组成。

接通电源后，振荡器产生的音频信号电流通过电磁线圈，使电磁线圈产生磁场。振动膜片在电磁线圈和磁铁的相互作用下，周期性地振动发声。

2．分类

蜂鸣器分为有源蜂鸣器和无源蜂鸣器。判断有源蜂鸣器和无源蜂鸣器可以采用万用表电阻挡（$R \times 1$ 挡），用黑表笔接蜂鸣器"−"引脚，红表笔在另一引脚上来回碰触，如果发出咔咔声，且电阻只有 8Ω（或 16Ω），则是无源蜂鸣器；如果能持续发出声音，且电阻在几百欧以上，则是有源蜂鸣器。

有源蜂鸣器直接接上额定电源（新的蜂鸣器在标签上注明）就可持续发声；而无源蜂鸣器则和电磁扬声器一样，需要接在音频输出电路中才能发声。

注意，这里的"源"不是指电源，而是指振荡源。也就是说，有源蜂鸣器内部带振荡源，所以只要一通电就会鸣叫；而无源蜂鸣器内部不带振荡源，所以用直流信号无法令其鸣叫。有源蜂鸣器往往比无源蜂鸣器贵，就是因为里面多了振荡电路。

任务评估

任务评估见表4-2-2。

表4-2-2　任务评估表

评 价 项 目	评 价 标 准		得　　分
硬件设计	能正确使用各种传感器及蜂鸣器	10 分	
	可以自主画出显示屏、传感器及蜂鸣器和单片机的电路连接图	10 分	
软件设计与调试	掌握传感器、文字显示的原理	10 分	
	正确掌握传感器、蜂鸣器、显示屏的编程控制	20 分	
	能根据任务分析，正确绘制程序流程图	10 分	
	会根据流程图，编程实现家居报警系统中的红外光电、烟雾和煤气传感器的报警	20 分	
软硬件调试	能根据硬件电路图，连接单片机最小系统与传感器、液晶显示屏和蜂鸣器，通电后实现报警	10 分	
团队合作	各成员分工协作，积极参与	10 分	

知识考核

一、选择题

1. 12864 液晶显示模块内置（　　）个中文汉字。

 A. 256　　　　　　　B. 8192　　　　　　　C. 128　　　　　　　D. 1024

2. 12864 液晶显示模块一次可以显示（　　）行中文汉字。

 A. 1　　　　　　　B. 2　　　　　　　C. 3　　　　　　　D. 4

3. 12864 液晶显示模块一行可以显示（　　）个中文汉字。

 A. 2　　　　　　　B. 4　　　　　　　C. 8　　　　　　　D. 16

4. 12864 液晶显示模块第一行的首地址是（　　）。

 A. 88H　　　　　　B. 90H　　　　　　C. 80H　　　　　　D. 98H

5. 12864 液晶屏如果是并行数据传送，PSB 引脚应接（　　）。

 A. 地　　　　　　　B. 电源　　　　　　C. 悬空　　　　　　D. 不接

6. 以下（　　）引脚是选择数据或指令。

 A. RS　　　　　　　B. R/W　　　　　　C. E　　　　　　　D. PSB

7. 以下（　　）引脚是读和写。

 A. RS　　　　　　　B. R/W　　　　　　C. E　　　　　　　D. PSB

8．以下（　　）引脚是并行的使能信号。

    A．RS　　　　　　　B．R/W　　　　　　　C．E　　　　　　　D．PSB

9．以下（　　）指令数据是清屏。

    A．00H　　　　　　B．01H　　　　　　　C．02H　　　　　　D．04H

10．以下（　　）指令数据是设置基本指令集。

    A．00H　　　　　　B．01H　　　　　　　C．02H　　　　　　D．30H

11．以下（　　）指令数据是设置显示功能-关显示幕-无游标-游标不闪。

    A．00H　　　　　　B．01H　　　　　　　C．08H　　　　　　D．30H

12．以下（　　）指令数据是设定扩展指令集，关绘图。

    A．34H　　　　　　B．01H　　　　　　　C．08H　　　　　　D．30H

13．12864 液晶屏绘图时，屏幕分成（　　）页。

    A．2　　　　　　　B．4　　　　　　　　C．8　　　　　　　D．16

14．以下（　　）型号是可燃气体传感器。

    A．MQ-2　　　　　B．E18-D80NK　　　C．MQ-5　　　　　D．NPN

15．烟雾传感器感应到烟雾时，输出（　　）信号给单片机。

    A．高电平　　　　　B．低电平　　　　　　C．模拟信号　　　　D．脉冲

二、综合题

1．简述 12864 液晶屏各引脚功能。

2．简述 12864 液晶屏显示汉字时的编程思路。

3．简述 12864 液晶屏显示图形时的编程思路。

4．12864 液晶屏显示图形时，水平坐标和垂直坐标范围分别是多少？

5．常用的红外线光电开关的类型有哪些？

6．简述蜂鸣器的分类及工作原理。

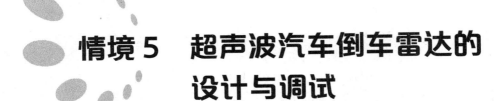

情境 5　超声波汽车倒车雷达的设计与调试

 情境介绍

　　随着科学技术的发展，超声波在测距仪中的应用越来越广泛。超声波是一种在弹性介质中的机械振荡，由于其指向性强、能量消耗缓慢、传播距离较远等优点，经常用于生活中的各个方面，如汽车倒车、机器人避障、工业测井、水库液位测量等。

　　本情境设计的汽车倒车雷达系统就是利用超声波的发送和接收的时间差测得距离，并通过数码管实时显示距离。同时利用步进电机模拟汽车的刹车系统，当汽车倒车到达危险区域时，步进电机反转，实时刹车。此系统成本低、设计简单、精度和稳定性好，有望得到广泛应用，从而减少交通事故的发生。

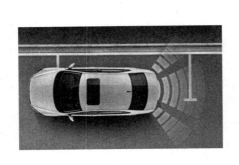 

学习任务一：步进电机正反转电路的设计与调试

任务描述

　　单片机 P2 口接一个步进电机，效果为当按键 1 接通时，电机正转；按键 2 接通时，电机反转。该步进电机还具有调速功能，当按下加速或减速按钮时，电机会加速或减速。

**任务目标**

（1）认识步进电机的结构。

（2）掌握步进电机驱动电路的原理。

（3）能根据任务要求，自主设计和绘制单片机控制步进电机正反转的电路原理图。

（4）能设计程序，实现步进电机的 1 相驱动、2 相驱动和 1-2 相驱动。

（5）能设计程序，控制步进电机的转动方向和速度。

（6）能按照原理图，正确完成单片机与步进电机的接线，调试并实现步进电机的正反转及加减速。

建议课时：6 课时

任务分析

根据任务描述，该任务具有正反转方向和速度的要求。因此，可以考虑用四个按钮分别控制步进电机的正转、反转、加速和减速。在程序设计方面，以 2 相式步进电机为例，采用 1 相、2 相或者 1-2 相的驱动方式驱动步进电机工作。

任务实施

一、硬件电路设计

1. 硬件设计思路

步进电机是一种以脉冲控制的转动器件。根据电机线圈的配置，步进电机可分为 2 相、4 相和 5 相。比较常见的是 2 相。此外，8951 的输出电流很难驱动步进电机，必须另外设置驱动电路才行。因此，在硬件设计时，必须充分了解步进电机的结构和驱动电路。

（1）步进电机的结构

步进电机与一般电机结构类似，除了托架、外壳之外，就是转子与定子，比较特殊的是其转子与定子上有许多细小的齿，如图 5-1-1 所示。步进电机的转子为永久磁铁，线圈绕在定子上。根据电机线圈的配置，步进电机可分为 2 相、4 相和 5 相，如图 5-1-2 所示。比较常见的是 2 相步进电机，其中包括两组具有中间抽头的线圈，A、com1、$\overline{A}$ 为一组，B、com2、$\overline{B}$ 为另一组。另外，4 相步进电机由四组线圈组成，5 相步进电机由五组线圈组成。

顾名思义，步进电机就是"一步一步走"的电机，而其转子与定子的齿轮决定其每步的间距，如图 5-1-3 所示。若转子上有 N 个齿，则其转子齿间距 θ 为

$$\theta=360°/N$$

图 5-1-1　步进电机的基本结构

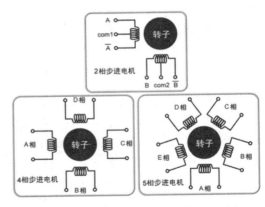

图 5-1-2　步进电机的种类

而步进角度 β 为

$$\beta = \frac{转子齿间距}{2 \times 相数}$$

以常用的 2 相式 50 齿步进电机为例，即

$$\theta = 360° / 50 = 7.2°$$
$$\beta = 7.2° / 2 \times 2 = 1.8°$$

另外一种比较简单的说法就是以步数来表示，以 200 步的步进电机为例，200 步为一圈（360°），则每步为 1.8°。

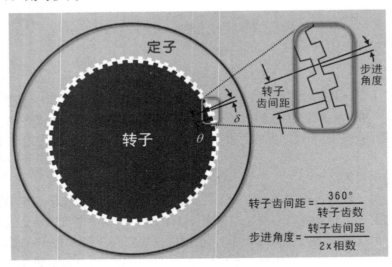

图 5-1-3　步进电机的齿间距

（2）步进电机驱动电路

对于电流小于 0.5A 的步进电机，可以采用 ULN2003/ULN2803 之类的驱动 IC。这种 IC 是一种"小而美"的驱动器件，它所提供的输出电路电流可达 0.5A。本任务采用的是 ULN2003 驱动芯片，其引脚图如图 5-1-4 所示。

ULN2003 系列 IC 包括 7 个集电极开路式输出的反相器，每个输出端都有一个连接到公共端 VCC 的二极管，作为放电保护电路。ULN2003 的驱动电路如图 5-1-5 所示。它的反相输入端连接 8951 的 P1.0～P1.3，反相输出端接连接到步进电机的 A、$\overline{A}$、B 与 $\overline{B}$ 四个端口，而步进电机 com1 与 com2 连接到 5V 电源。

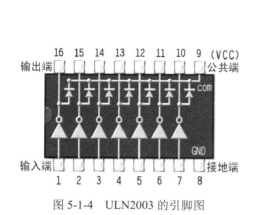

图 5-1-4　ULN2003 的引脚图

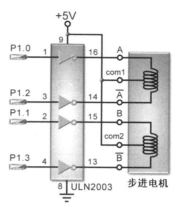

图 5-1-5　ULN2003 的驱动电路

2. 硬件电路原理图

根据步进电机的结构和驱动电路，画出 8951 控制步进电机正反转的电路原理图，如图 5-1-6 所示。

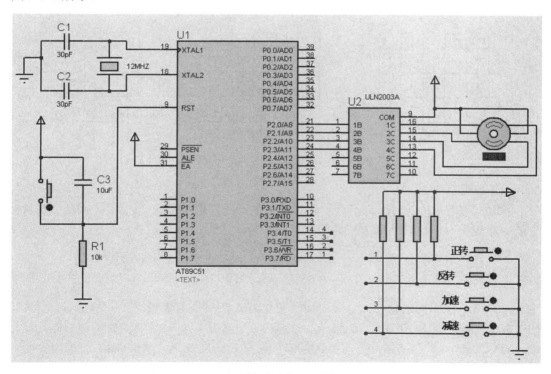

图 5-1-6　8951 控制步进电机正反转的电路原理图

根据电路原理图，确定本任务所需要的元器件清单，见表 5-1-1。

表 5-1-1　步进电机正反转电路的元器件清单

序　号	名　　称	型　号	数量（个）
1	单片机	AT89C51	1
2	步进电机	MOTOR-STEPPER	1
3	驱动芯片	ULN2003	1
4	电阻：RES	100Ω	16
		10kΩ	2
5	按钮：BUTTON	不带自锁	5
6	电容：CAP	10μF	1
		30pF	2
7	晶体振荡器：CRYSTAL	12MHz	1

打开 Proteus 仿真软件，根据原理图及元器件清单，绘制步进电机正反转的电路原理图。

二、软件设计与调试

1. 软件设计思路

步进电机的动作是靠定子线圈激励后，将邻近转子上相异的磁极吸引过来。因此，线圈排列的顺序以及激励信号的顺序就很重要。以 2 相式步进电机为例，其驱动方式有 1 相驱动、2 相驱动与 1-2 相驱动三种，如图 5-1-7 所示。

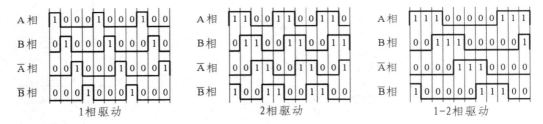

图 5-1-7　2 相式步进电机的驱动方式

（1）1 相驱动

1 相驱动方式是任何时刻只有一组线圈被激励，其他线圈在"休息"，因此，其所产生的力矩较小。但这种激励方式最简单，其信号依次为：

$$1000 \longrightarrow 0100 \longrightarrow 0010 \longrightarrow 0001 \longrightarrow 1000...(正转)$$
$$1000 \longrightarrow 0001 \longrightarrow 0010 \longrightarrow 0100 \longrightarrow 1000...(反转)$$

总共有 4 组不同的信号，呈现周期性变化。在 8951 里，若要产生左移信号，可先输出"00000001"，即"0x01"，经过一小段延时，让步进电机有足够的时间建立磁场及转动，再以"<<=1"左移指令将"00000001"左移，使之变为"00000010"。若要产生右移信号，可先输出"00001000"，即"0x08"，经过一小段延时，让步进电机有足够的时间建立磁场及转动，再以">>=1"右移指令将"00001000"右移，使之变为"00000100"。

若将 4 个驱动信号依次送入步进电机，其动作如图 5-1-8 所示。

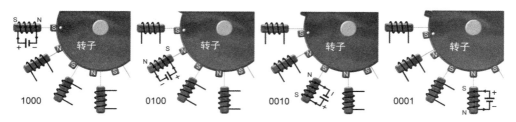

图 5-1-8　1 相驱动电机的动作顺序

（2）2 相驱动

2 相驱动方式是任何时刻有两组线圈同时被激励，因此，其所产生的力矩比 1 相驱动大。尽管如此，这种激励方式也很简单，其信号依次为：

$$1100 \longrightarrow 0110 \longrightarrow 0011 \longrightarrow 1001 \longrightarrow 1100...(正转)$$
$$1100 \longrightarrow 1001 \longrightarrow 0011 \longrightarrow 0110 \longrightarrow 1100...(反转)$$

总共有 4 种不同的信号，呈现周期性变化，即"0x0C、0x06、0x03、0x09"。我们可把信号存入表格，再依次从表格读出，经过一小段时间的延迟，让步进电机有足够的时间建立磁场及转动，即可实现步进电机的正反转。

（3）1-2 相驱动

1-2 相驱动方式又称"半步驱动"，每个驱动信号只驱动半步，其驱动信号依次为：

$$1001 \rightarrow 1000 \rightarrow 1100 \rightarrow 0100 \rightarrow 0110 \rightarrow 0010 \rightarrow 0011 \rightarrow 0001(正转)$$
$$1001 \rightarrow 0001 \rightarrow 0011 \rightarrow 0010 \rightarrow 0110 \rightarrow 0100 \rightarrow 1100 \rightarrow 1000(反转)$$

总共有 8 种不同的信号，其驱动方式和 1 相、2 相的方式一样，不作介绍。

2．绘制程序流程图

有了上述设计思路后，我们以 1 相驱动为例，介绍按钮控制步进电机的正反转。具体程序流程图如图 5-1-9 所示。

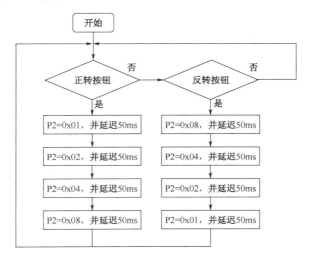

图 5-1-9　按钮控制步进电机正反转程序流程图

3. 编写程序

根据流程图的编程思路，编写的程序如下：

```c
#include<reg51.h>
#define out P2              //P2口接步进电机
sbit button1=P3^7;          //正转按钮
sbit button2=P3^6;          //反转按钮
zhengzhuan( );              //声明正转子程序
Fanzhuan ( );               //声明反转子程序
delay(int);
//=========主程序=====================================
main()
{   while(1)
{
if(button1==0)  zhengzhuan( );
if(button2==0)   fanzhuan( );
}
}
//====================正转子程序==================
zhengzhuan( )
{       out=0x01;
      delay(50);
       out=0x02;
      delay(50);
       out=0x04;
      delay(50);
       out=0x08;
      delay(50);
}
//====================正转子程序==================
Fanzhuan ( )
{       out=0x08;
      delay(50);
       out=0x04;
      delay(50);
       out=0x02;
      delay(50);
       out=0x01;
      delay(50);
}
//==============延迟函数=====================
delay(int x)
{ int i, j;
for(i=0;i<x;i++)
for(j=0;j<120;j++);
}
```

4．编译程序

在编辑窗口输入源代码后，单击左上方的 按钮即可进行编译与连接，输出窗口显示 "0 个错误，0 个警告"，表明没有语法错误，可以调试。

5．调试仿真程序

在 Proteus 软件中仿真程序，把 HEX 文件加入单片机，单击仿真按钮，按下正转按钮，步进电机正转；按下反转按钮，步进电机反转。

6．开发板上实现的效果

打开实训开发板，单片机的 P2 口接 ULN2003 的输入端，ULN2003 的输出端接步进电机，如图 5-1-10 所示。启动电源，按下正转按钮，步进电机正转；按下反转按钮，步进电机反转，实现了任务要求。

图 5-1-10　单片机控制步进电机正反转开发板

思考题

设计程序，采用 2 相或 1-2 相激励方式驱动步进电机。

知识点提升

一、步进电机的定位

当我们启动计算机时，连接该计算机的外围设备会有所反应，不管是动一下、闪一下或者反应一下，都是复位的动作，让所有器件归为一定的状态。步进电机是一种数字输出器，使用之前必须归零或定位。将 "1000、0100、0010、0001" 信号送入电机时，该步进电机将逆时针转动 4 步，若每步为 1.8°，则总共转 7.2°。采用同样的驱动信号，如果一开始步进电机的转子位置不对，则可能发生下列两种非预期状态。

1．先顺时针旋转再逆时针旋转

图 5-1-11 为转子初始位置，送入"1000"信号后，步进电机顺时针旋转 1.8°，如图 5-1-12 所示。

从第二组信号（0100、0010、0001）才开始逆时针旋转，如图 5-1-13 所示。

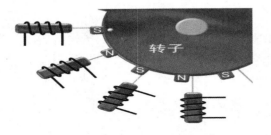
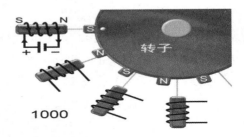

图 5-1-11　转子的初始位置　　　　图 5-1-12　转子顺时针旋转 1.8°

图 5-1-13　逆时针旋转 5.4°

如此一来，总共逆时针旋转 3.6°，而不是预期的逆时针旋转 7.2°。

2．先抖动、顺时针旋转再逆时针旋转

图 5-1-14 同样为转子初始位置，送入"0100"信号后，步进电机抖动，如图 5-1-15 所示。

当送入第二组信号"1000"时，步进电机顺时针旋转 1.8°，如图 5-1-16 所示。

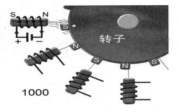

图 5-1-14　转子的初始位置　　　图 5-1-15　转子抖动　　　图 5-1-16　顺时针旋转 1.8°

从第三组信号（0010、0001）才开始逆时针旋转，如图 5-1-17 所示。

图 5-1-17　逆时针旋转 3.6°

如此一来，总共逆时针旋转 1.8°，而不是预期的逆时针旋转 7.2°。

为防止上述非预期状态的产生，最简单的方法是在开始运行之前先送出一组信号，若是 1 相或 2 相驱动，则依次送出 4 个驱动信号；若是 1-2 相驱动，则依次送出 8 个驱动信号。这样可定位步进电机的位置，使步进电机归零。

现在以 2 相驱动为例，介绍含定位功能的步进电机正反转程序。

```
---------------------------------------------------------------------
    #include<reg51.h>
    #define out P2
    sbit button1=P3^7;          //正转按钮
    sbit button2=P3^6;          //反转按钮
    chushihua();                //步进电机初始化子程序
    delay(int);
    int k=3;                    //初始化后，应该到了第4个数据，所以k的初始值设为3
    char code tab[]={0x03, 0x06, 0x0c, 0x09};       //电机运行脉冲数据
    //==========主程序==========================================
    main()
    {
    chushihua( );
    while(1)
    {
    if(button1==0)  k++;        //正转时，数据往右取
    if(button2==0)  k--;        //反转时，数据往左取
    if(k==4)k=0;                //处理
    if(k==-1)k=3;               //处理
    out=tab[k];                 //送给电机，运行
    delay(50);                  //延时
    }
    }
    //===================步进电机初始化子程序======================
    chushihua()                 //初始化子程序，因为电机一开始不知在什么角度，给脉冲
时肯定会晃
                                //所以在控制之前加上初始化程序，给4步后电机肯定会停
在第4步的那个位置
    {
```

```
    out=tab[0];            //接下来主程序再控制电机时，就不会出现晃的现象了
    delay(10);             //对于实际电机，这个时间可能要调
    out=tab[1];
    delay(10);
    out=tab[2];
    delay(10);
    out=tab[3];
    delay(10);
    }
//=========延迟函数==========================================
delay(int x)
{ int i, j;
for(i=0;i<x;i++)
for(j=0;j<120;j++);
    }
```

 思考题

上述程序里，步进电机转一圈需要多长时间？

二、步进电机的加减速

在实际工作中，经常需要控制步进电机加速或减速。其实，步进电机的加速原理就是每一个驱动信号的延时时间缩短，频率提高，从而实现加速。减速原理刚好相反，即增加每一个驱动信号的延时时间。

程序如下所示：

```
#include<reg51.h>
#define out P2
sbit button1=P3^7;           //正转按钮
sbit button2=P3^6;           //反转按钮
sbit jia=P3^5;               //加速按钮
sbit jian=P3^4;              //减速按钮
chushihua();                 //初始化子程序
delay(int);
int k=3;                     //初始化后，应该到了第4个数据，所以k的初始值设为3
int shijian=20;              //延时时间参数，单位是ms
char code tab[]={0x0c, 0x06, 0x03, 0x09};        //电机运行脉冲数据
//=========主程序==========================================
main()
{
chushihua( );
while(1)
```

```
    {
    if(button1==0)  k++;              //正转时，数据往右取
    if(button2==0)   k--;             //反转时，数据往左取
    if(k==4)  k=0;                    //处理
    if(k==-1)  k=3;                   //处理
    out=tab[k];                       //送给电机，运行
    delay(shijian);                   //延时
    if(jia==0)  shijian=shijian-10;
    if(jian==0)  shijian=shijian+10;
    if(shijian<20)     shijian=20;
    if(shijian>20000)  shijian=20000;
    }
    }
//====================步进电机初始化子程序======================
    chushihua ( )              //初始化子程序，因为电机一开始不知在什么角度，给脉冲
时肯定会晃
    {                          //所以在控制之前加上初始化程序，给4步后电机肯定会停
在第4步的那个位置
    out=tab[0];                //接下来主程序再控制电机时，就不会出现晃的现象了
    delay(100);                //对于实际电机，这个时间可能要调
    out=tab[1];
    delay(100);
    out=tab[2];
    delay(100);
    out=tab[3];
    delay(100);
    }
//=========延迟函数==================================
    delay(int x)
    { int i, j;
    for(i=0;i<x;i++)
    for(j=0;j<120;j++);
    }
```

编译通过后，把 HEX 文件加入单片机，按下正转或反转按钮时，步进电机正转或反转，再按加速或减速按钮时，步进电机加速或减速，实现了任务的要求。

 **任务评估**

任务评估见表 5-1-2。

表 5-1-2 任务评估表

评价项目	评价标准		得分
硬件设计	认识步进电机的结构	10 分	
	掌握步进电机驱动电路的驱动原理	10 分	
	能根据任务要求,自主设计和绘制单片机控制步进电机正反转的电路原理图	20 分	
软件设计与调试	能设计程序,实现步进电机的 1 相驱动、2 相驱动和 1-2 相驱动	20 分	
	能设计程序,控制步进电机的转动方向和速度	20 分	
软硬件调试	能按照原理图,正确完成单片机与步进电机的接线,调试并实现步进电机的正反转及加减速	10 分	
团队合作	各成员分工协作,积极参与	10 分	

学习任务二:超声波测距仪的设计与调试

任务描述

在单片机开发板上接上超声波模块和数码管模块,实时检测与目标障碍物的距离,以米为单位,此电路可以接在汽车等移动设备上测试距离。

任务目标

(1)正确掌握超声波模块的工作原理。
(2)能根据硬件分析,自主设计及绘制超声波测距仪的硬件电路。
(3)能根据软件设计思路和任务要求,自主编程实现超声波测量距离,并用数码管显示距离。
(4)能根据任务修改相应的程序,如设置距离、修改蜂鸣器的报警频率。
(5)能根据硬件电路图,在开发板上正确完成单片机与超声波模块、按钮、数码管之间的接线,调试并实现超声波测距仪的测距显示。

建议课时:12 课时

任务分析

超声波模块有一个发射装置和一个接收装置,发射到接收的时间除以 2,就是声音到目标点的传播时间，结合声音的速度（声音的速度是 340m/s），可以算出到目标点的距离，再通过数码管显示出来即可。

 任务实施

一、硬件电路设计

1．硬件设计思路

（1）超声波模块

HC-SR04 超声波测距模块可提供 2～400cm 的非接触式距离感测功能，测距精度可达 3mm；模块包括超声波发射器、接收器与控制电路。智能小车的测距以及转向就是利用 HC-SR04 超声波测距模块实现的。智能小车测距可以及时发现前方的障碍物，使智能小车可以及时转向，避开障碍物。HC-SR04 超声波测距模块实物如图 5-2-1 所示。

图 5-2-1　HC-SR04 超声波测距模块实物

HC-SR04 超声波测距模块的工作原理如下：

①该模块采用 I/O 口 TRIG 触发测距，需要最少 10μs 的高电平信号。

②模块自动发送 8 个 40kHz 方波，自动检测是否有信号返回。

③有信号返回，通过 I/O 口 ECHO 输出一个高电平，高电平持续的时间就是超声波从发射到返回的时间。测试距离=（高电平时间×声速（340m/s））/2。

超声波时序图如图 5-2-2 所示。

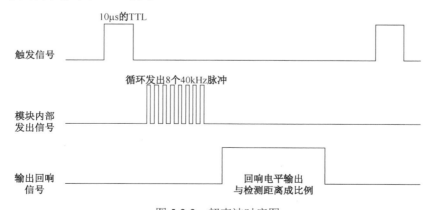

图 5-2-2　超声波时序图

（2）电路整体连接

单片机接最小系统，超声波模块接电源和地，TRIG 引脚接单片机 P1.5 脚，ECHO 引脚接单片机 P1.6 引脚，数码管模块接电源，数据端接单片机 P0 口，片选端接单片机 P3 口。

2．硬件电路原理图

有了设计思路后，可以将思路转换成电路图，如图 5-2-3 所示。

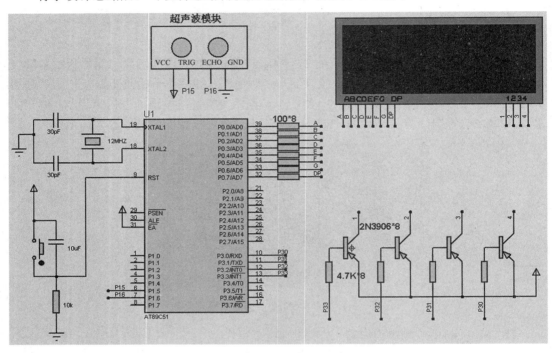

图 5-2-3　超声波测距仪电路原理图

根据电路原理图，确定本任务所需要的元器件清单，见表 5-2-1。

表 5-2-1　超声波测距仪电路的元器件清单

序　号	名　称	型　号	数量（个）
1	单片机	AT89C51	1
2	超声波模块	HC-SR04	1
3	三极管	2N3906	4
4	电阻：RES	100Ω	8
		10kΩ	1
		4.7kΩ	4
5	按钮：BUTTON	不带自锁	1
6	电容：CAP	10μF	1
		30pF	2
7	晶体振荡器：CRYSTAL	12MHz	1

打开 Proteus 仿真软件，根据元器件清单，绘制超声波测距仪的电路原理图。

二、软件设计与调试

1. 软件设计思路

（1）单片机每隔 800ms 给超声波模块一个发射信号，然后检测超声波模块回送的高电平信号持续时间。

（2）当检测到有回送的高电平信号时，开定时器 0，高电平信号消失时，关定时器 0，那么定时器 0 里面的 TH0 和 TL0 的值就是时间值。

（3）利用定时器 1 产生 2ms 的定时时间，累计到 800ms 时，单片机给超声波模块发信号。

（4）由于超声波模块回送的高电平信号持续时间很短，如果数码管动态扫描还是按照前面所述的方法，扫描一圈要十几毫秒，那么超声波模块回送的高电平信号很可能无法被及时检测到，从而影响测量精度，所以数码管动态扫描要换一种编程思路。直接利用定时器 1 产生的 2ms 中断，每中断一次，点亮一个数码管，从而实现动态扫描，并且不影响主程序的循环检测。

（5）高电平持续时间根据 TH0 和 TL0 的值计算，单位是μs。计算公式为

$$S=time \times 10^{-6} \times 340 \div 2$$

（6）由于数码管显示 3 位数，小数部分是 2 位，所以在上面公式的基础上扩大 100 倍来化解小数点问题，最终公式简化为

$$S=time \times 1.7 \div 100$$

2. 绘制程序流程图

（1）根据软件设计思路，绘制定时器 1 程序流程图，如图 5-2-4 所示。

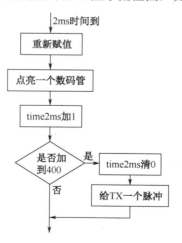

图 5-2-4　定时器 1 程序流程图

（2）绘制主程序流程图，如图 5-2-5 所示。

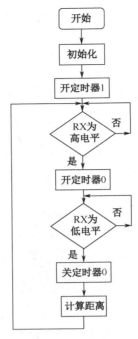

图 5-2-5　主程序流程图

3. 编写程序

根据程序流程图，编制超声波测距仪测距、数码管显示的程序如下：

```
-------------------------------------------------------------------
        #include<reg51.h>
        #include <intrins.h>
        #define seg P0              //P0口接数码管
        #define pianxuan P3          //接片选
        sbit TX=P1^5;               //接超声波模块，发信号给超声波模块
        sbit RX=P1^6;               //接超声波模块，接收超声波模块的高电平信号
        char code tab[]={0xc0, 0xf9, 0xa4, 0xb0, 0x99, 0x92, 0x82, 0xf8, 0x80,
0x98, 0xbf};                        //0～9数码
        char code pianxuan_lab[]={0xfe, 0xfd, 0xfb, 0xf7}; //片选信号
        int gewei;                  //存个位数信息
        int shiwei;                 //存十位数信息
        int baiwei;                 //存百位数信息
        int qianwei;                //存千位数信息
        unsigned long juli;         //实际超声波模块测量距离
        int time2ms;                //2ms寄存器
        int time;                   //超声波时间
        bit t0_flag;                //T0溢出标志位
        int weizhi;                 //数码管片选时的位置
        saomiao();                  //扫描子程序
        jisuan();                   //计算距离子程序
        //==============================主程序============================
        main()
```

```
    {   RX=1;                       //作为输入端，先设为1
    TMOD=0x11;                      //设T0、T1为定时，方式1
    TH0=0;                          //T0初始值为0，到关闭时，TH0和TL0的数值则是从T0开
到关的时间
    TL0=0;
    TH1=(65536-50000)/256;          //50ms定时
    TL1=(65536-50000)%256;
    ET0=1;                          //允许T0中断
    ET1=1;                          //允许T1中断
    TR1=1;                          //开启定时器1
    EA=1;                           //开启总中断
    while(1)                        //无限循环
    {if(RX==1)
    {
    TR0=1;                          //开启计数
    while(RX==1);                   //当RX为1时计数并等待
    TR0=0;                          //关闭计数
    jisuan();                       //计算
    }
    }
    }
    //===============================扫描程序===========================
    saomiao()
    {seg=0xff;
    pianxuan=pianxuan_lab[weizhi];
    if(weizhi==0)seg=tab[gewei];
    if(weizhi==1)seg=tab[shiwei];
    if(weizhi==2)seg=tab[baiwei]&0x7f;  //加小数点
    if(weizhi==3)seg=0xff;              //不显示
    weizhi++;
    if(weizhi==4)weizhi=0;
    }
    //========================计数距离子程序========================
    jisuan( )
    {
    time=TH0*256+TL0;               //算出时间
    TH0=0;
    TL0=0;
    juli=(time*1.7)/100;            //算出距离
    baiwei=juli%1000/100;           //根据距离算出数码管各位数
    shiwei=juli%1000%100/10;
    gewei=juli%1000%100%10;
    }
    //========================定时中断0子程序========================
    void zd0( ) interrupt 1          //T0中断用来使计数器溢出，超过测距范围
    {
    t0_flag=1;                      //中断溢出标志
```

173

```
}
//===========================定时中断1子程序=========================
void zd3( )  interrupt 3          //T1中断用来扫描数码管和计数800ms启动模块
{   int c;
TH1=0xf8;
TL1=0x30;
saomiao();
time2ms++;
if(time2ms>=400)                  //判断有没有到800ms
{
time2ms=0;
TX=1;                             //800ms启动一次模块
for(c=0;c<20;c++)                 //延时20μs
{_nop_();}
TX=0;
}
}
```

4．编译、调试程序

在编辑窗口输入源代码后，单击左上方的 按钮即可进行编译与连接，输出窗口显示 "0 个错误，0 个警告"，表明没有语法错误，可以调试。因仿真软件中没有超声波模块，所以本例不介绍仿真，直接在实物中调试。

5．程序下载

编译好程序后，下载到单片机。

6．在开发板上实现的效果

根据前面的硬件电路图，进行实物接线，接好后通电，效果如图 5-2-6 所示。

图 5-2-6　超声波测距仪实物效果图

知识点提升

在上例的基础上，增加按钮模块和蜂鸣器模块，要求能通过按钮设置安全距离，当障碍物在安全距离以外时，蜂鸣器报警；在安全距离以内时，蜂鸣器不报警。

一、任务分析

可以定义两个变量来存放设置值，设置时前后两个数码管显示"－"，中间两位显示数值；定义一个按钮用来设置，另两个按钮用来加和减，在主程序中循环检测按钮的状态。

在主程序中比较设置值和测量值，当实际测量值大于设置值时不报警，反之则报警。报警时直接输出低电平给蜂鸣器模块即可。

二、电路设计

在上例的基础上，加上三个按钮及蜂鸣器模块，电路原理图如图 5-2-7 所示。

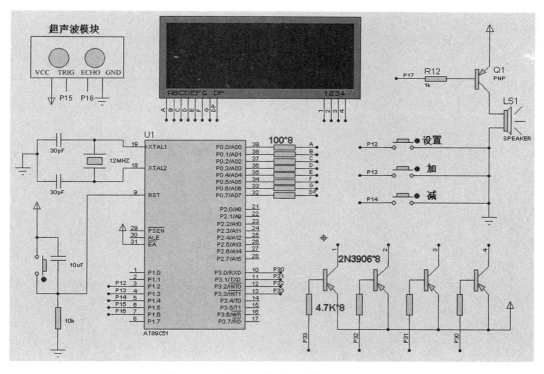

图 5-2-7　加按钮和蜂鸣器后的电路原理图

三、程序编写

根据分析编写如下程序：

```
//************************************************
//超声波倒车，数码管显示，可以用按钮设置距离报警
//************************************************
#include<reg51.h>
```

```
        #include <intrins.h>
        #define seg P0                //接数码管
        #define pianxuan P3           //接片选
        sbit set=P1^2;                //设置按钮
        sbit jia=P1^3;                //加
        sbit jian=P1^4;               //减
        sbit TX=P1^5;                 //接超声波模块，发信号给超声波模块
        sbit RX=P1^6;                 //接超声波模块，接收超声波模块的高电平信号
        sbit speaker=P1^7;            //蜂鸣器
        char code tab[]={0xc0, 0xf9, 0xa4, 0xb0, 0x99, 0x92, 0x82, 0xf8, 0x80,
0x98, 0xbf};                          //数码
        char code pianxuan_lab[]={0xfe, 0xfd, 0xfb, 0xf7};    //片选
        int gewei;                    //存个位数信息
        int shiwei;                   //存十位数信息
        int shiwei_set=0;             //存十位数设置信息，初始设定值为1.0m
        int baiwei;                   //存百位数信息
        int baiwei_set=1;             //存百位数设置信息
        int qianwei;                  //存千位数信息
        bit set_biaozhi=0;            //设置标志位
        unsigned long juli;           //实际超声波测量距离
        unsigned int juli_set;        //设置距离
        int time2ms;                  //2ms寄存器
        int time;                     //超声波时间
        bit t0_flag;                  //T0溢出标志位
        int weizhi;                   //数码管片选时的位置
        saomiao();                    //扫描子程序
        jisuan();                     //计算距离子程序
        //==============================主程序==============================
main()
{   speaker=1;                        //蜂鸣器关
        RX=1;                         //作为输入端，先设为1
        TMOD=0x11;                    //设T0、T1为定时，方式1
        TH0=0;                        //T0初始值为0，到关闭时，TH0和TL0的数值则是从T0开
到关的时间
        TL0=0;                        //
        TH1=(65536-50000)/256;        //50ms定时
        TL1=(65536-50000)%256;
        ET0=1;                        //允许T0中断
        ET1=1;                        //允许T1中断
        TR1=1;                        //开启定时器1
        EA=1;                         //开启总中断
        while(1)                      //无限循环
        {if(set==0)                   //设置按钮，按一下则set_biaozhi取反
        {while(set==0);
        set_biaozhi=~set_biaozhi;
        }
        if(set_biaozhi==1)            //如果set_biaozhi为1，则是设置状态，可以加和减
```

```
{if(jia==0)                     //加
{while(jia==0);
shiwei_set++;                   //最低位加
}
if(jian==0)                     //减
{while(jian==0);
shiwei_set--;                   //最低位减
}
}
if(shiwei_set==10){shiwei_set=0;baiwei_set++;}   //以下四行做数据处理,范
围是0~2.9m
if(shiwei_set==-1){shiwei_set=9;baiwei_set--;}
if(baiwei_set==3)baiwei_set=0;
if(baiwei_set==-1)baiwei_set=2;
juli_set=baiwei_set*100+shiwei_set*10;           //合并设置数据
if(juli<juli_set)               //实际距离小于设定距离则报警
{ speaker=0;}
if(juli>=juli_set)              //实际距离大于设定距离不报警
{ speaker=1;}
if(RX==1)
{ TR0=1;                        //开启定时器0
while(RX==1);                   //当RX为1时计数并等待
TR0=0;                          //关闭定时器0
jisuan();                       //调用计算子程序
}
}
}
//====================扫描子程序====================
saomiao()                       //扫描子程序
{  seg=0xff;                    //先清数码管
pianxuan=pianxuan_lab[weizhi];  //判断选用哪个数码管
if(set_biaozhi==0)              //如果是测量状态
{
if(weizhi==0)seg=tab[gewei];
if(weizhi==1)seg=tab[shiwei];
if(weizhi==2)seg=tab[baiwei]&0x7f;   //加小数点
if(weizhi==3)seg=0xff;          //不显示
}
if(set_biaozhi==1)              //如果是设置状态
{
if(weizhi==0)seg=tab[10];       //设置时显示符号"一"
if(weizhi==1)seg=tab[shiwei_set];   //设置时显示
if(weizhi==2)seg=tab[baiwei_set]&0x7f;  //加小数点,设置时显示
if(weizhi==3)seg=tab[10];       //设置时显示符号"一"
}
```

```c
weizhi++;                              //数码管位置加1
if(weizhi==4)weizhi=0;
}
//=====================计数距离子程序=====================
jisuan()                               //计算子程序
{
time=TH0*256+TL0;                      //算出时间
TH0=0;
TL0=0;
juli=(time*1.7)/100;                   //算出距离
if((juli>=300)||t0_flag==1)            //超出测量范围显示"-"
{t0_flag=0;
gewei=10;                              //"-"
shiwei=10;                             //"-"
baiwei=10;                             //"-"
}
else                                   //按4位数来分离
{baiwei=juli%1000/100;
shiwei=juli%1000%100/10;
gewei=juli%1000%100%10;
}
}
//===================定时中断0子程序===================
void zd0() interrupt 1                 //T0中断用来使计数器溢出，超过测距范围
{
    t0_flag=1;                         //中断溢出标志
}
//=====================定时中断1子程序=====================
void zd3()  interrupt 3                //T1中断用来扫描数码管和计数800ms启动模块
{ int c;
TH1=0xf8;
TL1=0x30;
saomiao();
time2ms++;
if(time2ms>=400)
{ time2ms=0;
TX=1;                                  //800ms启动一次模块
for(c=0;c<20;c++)
{_nop_();}
TX=0;                                  //800ms启动一次模块
}
}
```

仿真通过后，根据硬件图接线，下载程序，加按钮和蜂鸣器后开发板实物效果如图 5-2-8 所示。

图 5-2-8　加按钮和蜂鸣器后开发板实物效果图

思考题

（1）在上例中报警时，蜂鸣器改成"滴滴"声，频率自定。
（2）距离设置方面，改成可以设置 0.1～5m。

知识点链接

一、超声波简介

超声波是一种频率高于 20 000Hz 的声波，它的方向性好，穿透能力强，易于获得较集中的声能，在水中传播距离远，可用于测距、测速、清洗、焊接、碎石、杀菌消毒等，在医学、军事、工业、农业等领域有很多的应用。超声波因其频率下限大于人的听觉上限而得名。

科学家们将每秒振动的次数称为声音的频率，它的单位是赫兹（Hz）。人类耳朵能听到的声波频率为 20～20 000Hz。因此，我们把频率高于 20 000Hz 的声波称为"超声波"。通常用于医学诊断的超声波频率为 1～30MHz。

理论研究表明，在振幅相同的条件下，一个物体振动的能量与振动频率成正比。超声波在介质中传播时，介质质点振动的频率很高，因而能量很大。在中国北方干燥的冬季，如果把超声波通入水罐中，剧烈的振动会使罐中的水破碎成许多小雾滴，再用小风扇把雾滴吹入室内，就可以增加室内空气湿度，这就是超声波加湿器的原理。如咽喉炎、气管炎等疾病，很难利用血流使药物到达患病的部位，利用加湿器的原理，把药液雾化，让病人吸入，能够提高疗效。利用超声波巨大的能量还可以使人体内的结石做剧烈的受迫振动而破碎，从而减缓病痛，达到治愈的目的。超声波在医学方面应用非常广泛，还可以对物品进行杀菌消毒。

声波是物体机械振动状态（或能量）的传播形式。所谓振动是指物质的质点在其平衡位置附近进行的往返运动。譬如，鼓面经敲击后就会上下振动，这种振动状态通过空气向四面八方传播，这便是声波。超声波和可闻声波本质上是一致的，它们都是一种机械振动模式，通常以纵波的方式在弹性介质内传播，是一种能量的传播形式；不同点是超声波频率高，波长短，在一定距离内沿直线传播，具有良好的束射性和方向性。目前腹部超声成像所用的频率范围为2～5MHz，常用为3～3.5MHz。

二、超声波测距原理与主要用途

超声波指向性强，能量消耗缓慢，在介质中传播的距离较远，所以经常用超声波来测量距离。超声波测距仪上设置了瞄点装置，只要把仪器对准要测量的目标，就会在测距仪的显示屏幕上出现一点，主要通过声速来测量距离。

超声波发射器向某一方向发射超声波，在发射的同时开始计时，超声波在空气中传播，途中碰到障碍物就被反射回来，超声波接收器收到反射波就立即停止计时。超声波在空气中的传播速度为340m/s，根据计时器记录的时间 t，就可以计算出发射点与障碍物之间的距离，即 $s=340t/2$。这就是所谓的时间差测距法。

超声波测距主要应用于倒车提醒、建筑工地、工业现场等的距离测量。超声波测距迅速、方便，且不受光线等因素影响，广泛应用于水文液位测量、建筑施工工地的测量、现场的位置监控、车辆倒车障碍物的检测、移动机器人探测定位等领域。

任务评估

任务评估见表 5-2-2。

表 5-2-2　任务评估表

评 价 项 目	评 价 标 准		得　　分
硬件设计	能正确使用超声波、按钮、蜂鸣器模块	10 分	
	可以自主画出超声波、按钮、蜂鸣器模块和单片机的电路连接图	10 分	
软件设计与调试	能掌握超声波测距的原理	10 分	
	能根据软件设计思路和任务要求，自主编程实现超声波测量距离，并用数码管显示距离	30 分	
	能根据任务修改相应的程序，如用按钮设置距离、修改蜂鸣器的报警频率	20 分	
软硬件调试	能根据硬件电路图，在开发板上正确完成单片机与超声波模块、按钮、数码管之间的接线，调试并实现超声波测距仪的测距显示	10 分	
团对合作	各成员分工协作，积极参与	10 分	

学习任务三：超声波汽车倒车雷达的设计与调试

 任务描述

超声波汽车倒车雷达系统要求能实时检测并显示车与障碍物之间的距离，有倒车开始按钮（按下则步进电机以一定速度反转倒车）、刹车按钮（按下则步进电机停止转动），并且可以用按钮设置安全倒车距离，如设置 0.8m，则系统默认 0.6～0.8m 为安全倒车距离，此时蜂鸣器以 2Hz 频率提示可以刹车；如果小于 0.6m 还没刹车，则系统以 5Hz 频率报警，并且步进电机正转（可以认为是强制刹车）到安全距离自动停止。

 任务目标

（1）能正确掌握超声波模块、步进电机、数码管动态扫描的工作原理。

（2）会根据任务分析，设计并绘制超声波汽车倒车雷达的硬件电路图。

（3）能正确掌握超声波模块和步进电机等在单片机中的用法，并编写程序实现超声波汽车倒车雷达系统的按钮设置、实时距离显示、报警及步进电机刹车功能。

（4）能按照电路原理图，正确组装超声波汽车倒车雷达系统，调试并实现任务的相关要求。

建议课时：12 课时

 任务分析

此任务是把前面两个任务融合在一起，组成一个系统，难点是数码管动态扫描、步进电机运行。如果按之前的方法，会占用 CPU 时间，影响超声波的检测，所以必须把数码管动态扫描、步进电机运行都放在中断定时 1 的子程序中（2ms 中断），时间到了，则数码管点亮一位或步进电机运行一步。

 任务实施

一、硬件电路设计

1. 硬件设计思路

此电路把任务一和任务二结合在一起，单片机接最小系统，超声波模块接电源和地，TRIG 引脚接单片机 P1.5 脚，ECHO 引脚接单片机 P1.6 引脚；数码管模块接电源，数据端接单片机 P0 口，片选端接单片机 P3 口；两个步进电机接单片机 P2 口；单片机 P1.0～P1.4 引脚依次接倒车开始、停车、设置和加、减按钮；单片机 P1.7 引脚接蜂鸣器模块。

2. 硬件电路原理图

有了设计思路后，可以将思路转换成电路原理图，如图 5-3-1 所示。

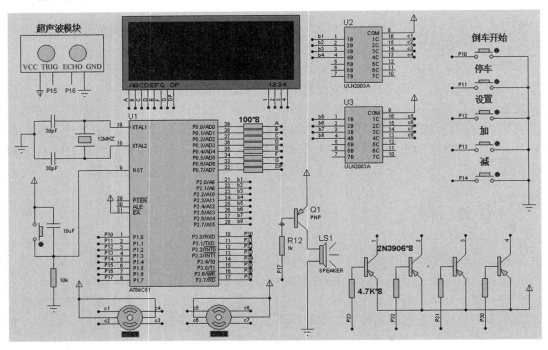

图 5-3-1　超声波汽车倒车雷达的电路原理图

根据电路原理图，确定本任务所需要的元器件清单，见表 5-3-1。

表 5-3-1　超声波汽车倒车雷达的电路元器件清单

序　号	名　称	型　号	数量（个）
1	单片机	AT89C51	1
2	步进电机	MOTOR-STEPPER	2
3	驱动芯片	ULN2003	2
4	电阻：RES	100Ω	8
		10kΩ	2
		1kΩ	1
		4.7kΩ	4
5	按钮：BUTTON	不带自锁	6
6	电容：CAP	10μF	1
		30pF	2
7	晶体振荡器：CRYSTAL	12MHz	1
8	三极管	2N3906	5
9	蜂鸣器	speaker	1
10	超声波模块	HC-SR04	1

打开 Proteus 仿真软件，根据元器件清单，绘制超声波汽车倒车雷达的电路原理图。

二、软件设计与调试

1. 软件设计思路

（1）在主程序中，检测各个按钮的状态，并做出反应，如倒车按钮按下则运行标志为 1；停止按钮按下则运行标志为 0；检测到设置和加、减按钮动作也做出相应的处理；当检测到有回送的高电平信号时，开定时器 0，高电信号消失时，关定时器 0，那么定时器 0 里面 TH0 和 TL0 的值则是时间值。

（2）高电平持续时间根据 TH0 和 TL0 的值计算，单位是μs。计算公式为

$$S=time\times10^{-6}\times340\div2$$

（3）由于数码管显示 3 位数，小数部分是 2 位，所以在上面公式的基础上扩大 100 倍来化解小数点问题，最终公式简化为

$$S=time\times1.7\div100$$

（4）主程序当中，还要比较测量距离和设置距离的大小：

当（设置距离-0.2m）< 测量距离 < 设置距离时，为提示状态，提示标志为 1；

当测量距离 <（设置距离-0.2m）时，为报警状态，报警标志为 1，运行标志为 0。

（5）利用定时器 1 产生 2ms 的定时时间，中断 400 次即 800ms 时，单片机给超声波发信号。

（6）利用定时器 1 产生的 2ms 中断，每中断 1 次，点亮一个数码管，从而实现动态扫描；中断 2 次，则电机运行一步（如果运行标志为 1）；中断 100 次，即 200ms，蜂鸣器取反（如果报警标志为 1）；中断 250 次，即 500ms，蜂鸣器取反（如果提示标志为 1）。

2. 绘制程序流程图

（1）根据软件设计思路，绘制定时器 1 中断程序流程图，如图 5-3-2 所示。

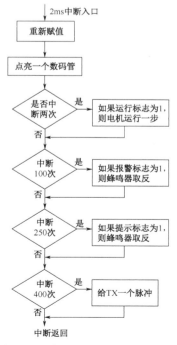

图 5-3-2　定时器 1 中断程序流程图

（2）绘制主程序流程图，如图5-3-3所示。

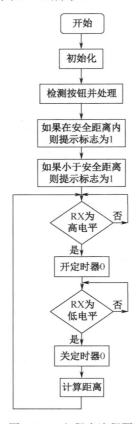

图 5-3-3　主程序流程图

3. 编写程序

根据程序流程图，编写程序如下：

```
//****************************************************************
//超声波倒车，数码管显示，步进电机，按钮
//****************************************************************
#include<reg51.h>
#include <intrins.h>
#define seg P0              //接数码管
#define pianxuan P3         //接片选
#define motor P2            //接电机
sbit kaishi=P1^0;           //倒车开始
sbit tingzhi=P1^1;          //停车
sbit set=P1^2;              //设置按钮
sbit jia=P1^3;              //加
sbit jian=P1^4;             //减
sbit TX=P1^5;               //接超声波模块，发信号给超声波模块
sbit RX=P1^6;               //接超声波模块，接收超声波模块的高电平信号
sbit speaker=P1^7;          //蜂鸣器
```

```
        char code tab[]={0xc0, 0xf9, 0xa4, 0xb0, 0x99, 0x92, 0x82, 0xf8, 0x80,
0x98, 0xbf};                        //数码
        char code pulse[]={0x91, 0x83, 0xc2, 0x46, 0x64, 0x2c, 0x38, 0x19};
                                    //电机运行脉冲数据，两个电机，高4位和低4位，左右两
轮，所以两个方向相反
        char code pianxuan_lab[]={0xfe, 0xfd, 0xfb, 0xf7};    //片选
        int gewei;                  //存个位数信息
        int shiwei;                 //存十位数信息
        int shiwei_set=0;           //存十位数设置信息，初始设定值为1.0m
        int baiwei;                 //存百位数信息
        int baiwei_set=1;           //存百位数设置信息
        int qianwei;                //存千位数信息
        int k=7;                    //初始化后，应该到了第8个数据，所以k的初始值为7
        bit fangxiang=0;            //电机方向，为0则反转倒车，为1则正转刹车
        int sudu=0;                 //电机速度
        int pinlv1=0;               //声音频率1
        int pinlv2=0;               //声音频率2
        bit set_biaozhi=0;          //设置标志位
        bit yunxing_biaozhi=0;      //运行标志位
        unsigned long juli;         //实际超声波测量距离
        unsigned int juli_set;      //设置开始提示距离，再减去0.5m就是报警
        bit baojing=0;              //报警标志位
        bit tishi=0;                //提示标志位
        int time2ms;                //2ms寄存器
        int time;                   //超声波时间
        bit t0_flag;                //T0溢出标志位
        int weizhi;                 //数码管片选时的位置
        saomiao( );                 //扫描子程序
        chushihua( );               //电机初始化子程序
        yunxing();                  //运行子程序
        delay(int);                 //延时子程序
        jisuan();                   //计算距离子程序
        //===========================主程序===========================
main()
{
chushihua();                        //调用初始化电机子程序
speaker=1;                          //蜂鸣器关
RX=1;                               //作为输入端，先设为1
TMOD=0x11;                          //设T0、T1为定时，方式1
TH0=0;                              //T0初始值为0，到关闭时，TH0和TL0的数值则是从T0开
到关的时间
TL0=0;
TH1=(65536-50000)/256;              //50ms定时
TL1=(65536-50000)%256;
ET0=1;                              //允许T0中断
ET1=1;                              //允许T1中断
TR1=1;                              //开启定时器1
```

```
    EA=1;                          //开启总中断
    while(1)                       //无限循环
    {
    if(set==0)                     //设置按钮,按一下则set_biaozhi取反
    { while(set==0);
    set_biaozhi=~set_biaozhi;
    }
    if(set_biaozhi==1)             //如果set_biaozhi为1,则是设置状态,可以加和减
    { if(jia==0)                   //加
    { while(jia==0);
    shiwei_set++;                  //最低位加
    }
    if(jian==0)                    //减
    { while(jian==0);
    shiwei_set--;                  //最低位减
    }
    }
    if(shiwei_set==10){shiwei_set=0;baiwei_set++;}   //以下四行做数据处理,范
围是0~2.9m
    if(shiwei_set==-1){shiwei_set=9;baiwei_set--;}
    if(baiwei_set==3)baiwei_set=0;
    if(baiwei_set==-1)baiwei_set=2;

    if(kaishi==0&&set_biaozhi==0){yunxing_biaozhi=1;fangxiang=0;baojing
=0;}
    //倒车按钮按下并且没在设置状态,运行标志为1,方向为0,报警为0
    if(tingzhi==0&&set_biaozhi==0){yunxing_biaozhi=0;speaker=1;tishi=0;
}
    //停止按钮按下并且没在设置状态,运行标志为0
    juli_set=baiwei_set*100+shiwei_set*10;   //合并设置数据
    if((juli>(juli_set-20))&&(juli<juli_set)&&yunxing_biaozhi==1)
    //实际距离在(设定距离-0.2m)与设定距离之间,则提示
    {   tishi=1;                            //提示标志为1
    if(baojing==1){yunxing_biaozhi=0;speaker=1;baojing=0;tishi=0;}
    //有报警标志,表示从报警状态返回,则停车,关蜂鸣器
    }
    if(juli<=(juli_set-20)&&yunxing_biaozhi==1)  //实际距离小于或等于(设定距
离-0.2m)时,则报警
    {fangxiang=1;                           //电机正转(或理解为强制刹车)
    baojing=1;                              //报警标志为1
    tishi=0;
    }
    if(juli>=juli_set&&yunxing_biaozhi==1)  //在安全距离
    {
    if(baojing==1){yunxing_biaozhi=0;speaker=1;baojing=0;tishi=0;}
    //如果报警标志为1,表示从报警状态返回,则停车,关蜂鸣器
    speaker=1;
```

```
    }
    if(RX==1)
    {TR0=1;                                //开启计数
    while(RX==1);                          //当RX为1时计数并等待
    TR0=0;                                 //关闭计数
    jisuan();                              //计算
            }
        }
    }
    //======================扫描子程序==========================
    saomiao()
    {seg=0xff;
    pianxuan=pianxuan_lab[weizhi];
    if(set_biaozhi==0)
    {
    if(weizhi==0)seg=tab[gewei];
    if(weizhi==1)seg=tab[shiwei];
    if(weizhi==2)seg=tab[baiwei]&0x7f;     //加小数点
    if(weizhi==3)seg=0xff;                 //不显示
    }

    if(set_biaozhi==1)
    {
    if(weizhi==0)seg=tab[10];              //设置时显示符号"—"
    if(weizhi==1)seg=tab[shiwei_set];      //设置时显示
    if(weizhi==2)seg=tab[baiwei_set]&0x7f; //加小数点，设置时显示
    if(weizhi==3)seg=tab[10];              //设置时显示符号"—"
    }
    weizhi++;
    if(weizhi==4)weizhi=0;
    }
    //==================步进电机初始化子程序====================
    chushihua()
    {
    int y;
    for(y=0;y<8;y++)
    {motor=pulse[y];
    delay(100);}
    }
    //==================步进电机运行子程序====================
    yunxing()
    {
    if(fangxiang==1) k++;                  //正转时，数据往右取
    if(fangxiang==0) k--;                  //反转时，数据往左取
    if(k==8)k=0;                           //处理
    if(k==-1)k=7;                          //处理
    motor=pulse[k];                        //送给电机，运行
```

```
}
//=================超声波计算距离子程序==================
jisuan()                        //计算距离子程序
{
time=TH0*256+TL0;              //算出时间
TH0=0;
TL0=0;
juli=(time*1.7)/100;          //算出距离
if((juli>=300)||t0_flag==1)   //超出测量范围显示"-"
{t0_flag=0;
gewei=10;                     // "-"
shiwei=10;                    // "-"
baiwei=10;                    // "-"
}
else                          //按4位数来分离
{baiwei=juli%1000/100;
shiwei=juli%1000%100/10;
gewei=juli%1000%100%10;
        }
}
//====================定时器T0中断子程序==================
void zd0() interrupt 1        //T0中断用来使计数器溢出，超过测距范围
{
t0_flag=1;                    //中断溢出标志
}
//====================定时器T1中断子程序==================
void zd3() interrupt 3        //T1中断用来扫描数码管和计数800ms启动模块
{   int c;
TH1=0xf8;
TL1=0x30;
saomiao();
time2ms++;
if(time2ms>=400)
{
time2ms=0;
TX=1;                         //800ms，启动一次模块//***********仿真时暂
时不用
for(c=0;c<20;c++)
{_nop_();}
TX=0;
}
sudu++;            //2ms则sudu加1，加到2时即4ms，如果是运行状态，则电机走一步
if(sudu==2)
{sudu=0;
if(yunxing_biaozhi==1)yunxing();
}
pinlv1++;          //2ms则pinlv1加1，加到250时即500ms，如果是提示状态，则蜂
```

188

鸣器取反

```
    if(pinlv1==250)
    {pinlv1=0;
    if(tishi==1)speaker=~speaker;
    }
    pinlv2++;            //2ms则pinlv2加1，加到100时即200ms，如果是报警状态，则蜂
鸣器取反
    if(pinlv2==100)
    {pinlv2=0;
    if(baojing==1)speaker=~speaker;
    }
    if((tishi==0)&&(baojing==0))speaker=1;    //如果没有提示标志和报警标志，蜂
鸣器不响
    }
    delay(int x)
    {int i, j;
    for(i=0;i<x;i++)
    for(j=0;j<120;j++);
    }
```

4．编译、调试程序

在编辑窗口输入源代码后，单击左上方的 按钮即可进行编译与连接，输出窗口显示"0 个错误，0 个警告"，表明没有语法错误，可以调试。因仿真软件中没有超声波模块，所以本例不介绍仿真，直接在实物中调试。

5．程序下载

编译好程序后，下载到单片机。

6．在开发板上实现的效果

根据前面的硬件电路图，进行实物接线，接好后通电，超声波汽车倒车雷达接线调试图如图 5-3-4 所示。

图 5-3-4　超声波汽车倒车雷达接线调试图

调试好后，拼装小车，小车系统装好后的实物效果如图 5-3-5 所示。

图 5-3-5　超声波汽车倒车雷达实物图

 知识点提升

在上例的基础上，当小车超过安全距离时，以速度 1 进行倒车；当小车在安全距离范围内时，以速度 2 进行倒车；当小车未达安全距离时，以速度 3 进行正转，试修改相应的程序。

一、任务分析

可以在定时器 1 中断程序中增加 sudu1、sudu2、sudu3 变量，中断 2 次时 sudu1 加 1，中断 4 次时 sudu2 加 1，中断 8 次时 sudu3 加 1，再赋值给原来的变量 sudu，即可实现不同的速度。

二、程序修改

根据任务分析，对原来的定时器 1 中断程序进行如下修改：

```
void  zd3()  interrupt 3        //T1中断用来扫描数码管和计数800ms启动模块
{    int c;
TH1=0xf8;
TL1=0x30;
saomiao();
time2ms++;
if(time2ms>=400)
{
time2ms=0;
TX=1;                           //800ms, 启动一次模块
for(c=0;c<20;c++)
{_nop_();}
TX=0;
}
sudu1++;                        //开始时的速度
```

```
    if(sudu1==2)
    {sudu1=0;
    if((yunxing_biaozhi==1)&&(tishi==0)&&(baojing==0)
    {sudu=sudu1;yunxing();}
    }
    sudu2++;                         //报警时的速度
    if(sudu2==4)
    {sudu2=0;
    if((yunxing_biaozhi==1)&&(tishi==0)&&(baojing==1)
    {sudu=sudu2;yunxing();}
    }
    Sudu3++;                         //提示时的速度
    if(sudu3==8)
    {sudu3=0;
    if((yunxing_biaozhi==1)&&(tishi==1)&&(baojing==0)
    {sudu=sudu3;yunxing();}
    }
    pinlv1++;                        //2ms则pinlv1加1，加到250时即500ms，如果是
提示状态，则蜂鸣器取反
    if(pin1v1==250)
    {pin1v1=0;
    if(tishi==1)speaker=~speaker;
    }
    pinlv2++;                        //2ms则pinlv2加1，加到100时即200ms，如果是
报警状态，则蜂鸣器取反
    if(pinlv2==100)
    {pinlv2=0;
    if(baojing==1)speaker=~speaker;
    }
    if((tishi==0)&&(baojing==0))speaker=1;//如果没有提示标志和报警标志，蜂鸣
器不响
    }
```

 思考题

　　试修改程序，当倒车小于安全距离时，小车停止倒车，原地调头一定角度，再进行倒车。

 **知识点链接**

一、什么是倒车雷达

驾驶员驾驶汽车时的视角是很有限的，通过车内和外侧的反光镜可以扩大驾驶员的

视野范围，但位于车正后方的障碍物，以及高度不足以通过反光镜看到或者距离车身过近的障碍物都可能处于驾驶员的视野死角或者视野模糊区（图 5-3-6）。这样会对驾驶员泊车、倒车造成不便，也会带来一些危险。

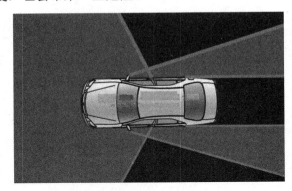

图 5-3-6　驾驶员的视野死角

而倒车雷达能够针对视野死角，通过声音、数据、图像等形式为驾驶员提供信息和警示，使驾驶员能够更清楚地了解周围障碍物的情况，对驾驶员起步、泊车、倒车等环节起到很大帮助，能提高驾车的安全性。

我们通常见到的后方倒车雷达一般都是采用超声波传感器来实现的，这类倒车雷达一般由传感器、控制器、反馈器三部分组成。

在汽车处于倒挡状态时，倒车雷达开始工作，由传感器发射超声波信号，一旦车后方出现障碍物，超声波被障碍物反射，传感器会接收到反射波信号，通过控制器对反射波信号进行处理来判断障碍物的位置及其和车身的距离，最后由反馈器通过声音（蜂鸣器）、数据（距离显示）、图像（显示屏模拟）等形式将信息反馈给驾驶员（图 5-3-7）。

图 5-3-7　雷达倒车示意图

二、倒车雷达发展情况

说起倒车雷达，大家一定记得多年前随处可以听到的清脆的女声："请注意！倒车！"这可以算是倒车雷达的鼻祖了，虽然从工作原理上看，这种话筒式的提示音对驾驶员的操作不会起到任何帮助，只能对行人起些警示作用，但是它为倒车雷达技术的引入树立了一个标杆。

在此之后，超声波传感器式的倒车雷达成为了汽车上的一项标准配置。最开始的倒车雷达多采用蜂鸣器来反馈信息，根据提示音的缓急，驾驶员可以判断出相对于障碍物的远近，由于造价相对低廉，这种倒车雷达至今仍然被广泛应用。

随着传感器的改进，倒车雷达所监视的范围也越来越大，并且在控制器处理数据能力增强的情况下，简单的声音提示已经不能满足倒车雷达的发展了，于是带有距离显示甚至模拟车身周围影像的倒车雷达被很多厂商采用，更加直观和数据化的倒车雷达所起的作用也更加明显。并且，倒车雷达也不再局限于监视后方，前后方甚至全方位的倒车雷达也被一些豪华车型所配备。

液晶显示屏在汽车上的大量应用对倒车雷达的发展起到了很重要的作用，通过监视器将车后方的情况以动态影像的形式表现在液晶屏上，这就是如今高档车上应用的可视化倒车雷达，无论多么直观的数据都不如直接看得到方便。但是由于成本原因，以及对液晶显示屏的依赖，可视化倒车雷达还无法普遍应用，即使在高档车中也并非全系都能配上可视化倒车雷达（图 5-3-8）。

图 5-3-8　可视化倒车雷达

任务评估

任务评估见表 5-3-2。

表 5-3-2　任务评估表

评价项目	评价标准		得　分
硬件设计	能正确使用超声波模块、按钮、蜂鸣器模块、步进电机	10 分	
	可以自主画出超声波模块、按钮、蜂鸣器模块、步进电机和单片机的电路连接图	20 分	
软件设计与调试	掌握超声波测距的原理	10 分	
	能根据任务分析，正确绘制程序流程图	10 分	
	能正确掌握超声波模块和步进电机等在单片机中的用法，并编写程序实现超声波汽车倒车雷达系统的按钮设置、实时距离显示、报警及步进电机刹车功能	30 分	
软硬件调试	能按照电路原理图，正确组装超声波汽车倒车雷达系统，调试并实现任务的相关要求	10 分	
团队合作	各成员分工协作，积极参与	10 分	

知识考核

一、选择题

1. （ ）的线圈采用中间抽头的方式。

    A．1相步进电机   B．2相步进电机   C．4相步进电机   D．5相步进电机

2. 某2相步进电机转子上有100齿，则其步进角度为（ ）。

    A．0.9°   B．1.8°   C．2°   D．4°

3. 某200步的步进电机采用1相激励方式，需要（ ）个驱动信号才能旋转一周。

    A．50   B．100   C．200   D．400

4. 同上题，若改用1-2相驱动信号，需要（ ）个驱动信号才能旋转一周。

    A．50   B．100   C．200   D．400

5. 以下（ ）是步进电机1相驱动的时序。

    A．1000-0100-0010-0001   B．0000-1111-0011-1100

    C．1100-0110-0011-1001   D．1000-1100-0010-0101

6. 以下（ ）是步进电机2相驱动的时序。

    A．1000-0100-0010-0001   B．0000-1111-0011-1100

    C．1100-0110-0011-1001   D．1000-1100-0010-0101

7. ULN2003芯片可以提供（ ）路反相输出。

    A．4   B．6   C．7   D．8

8. 若采用ULN2003来驱动步进电机，则最大驱动电流为（ ）。

    A．0.5A   B．1A   C．2A   D．3A

9. 若步进电机的驱动信号频率过高，则（ ）。

    A．电机将飞脱   B．电机将反转

    C．电机将抖动不前   D．以上皆有可能

10. HC-SR04超声波测距模块中TRIG是（ ）。

    A．输出回响信号   B．触发引脚

    C．电源   D．地

11. HC-SR04超声波测距模块中ECHO是（ ）。

    A．输出回响信号   B．触发引脚

    C．电源   D．地

12. HC-SR04超声波测距模块每次向外发射（ ）个40kHz方波。

    A．2   B．4   C．6   D．8

二、综合题

1. 简述步进电机的基本结构。

2. 步进电机的种类有哪些？

3. 简述步进电机初始化的意义。

4. 简述超声波测距原理。

参 考 文 献

[1] 张义和. 例说 51 单片机[M]. 北京：人民邮电出版社，2017.
[2] 徐萍. 单片机技术项目教材[M]. 北京：机械工业出版社，2013.
[3] 杨黎. 基于 C 语言的单片机应用技术与 Proteus 仿真[M]. 湖南：中南大学出版社，2012.

反侵权盗版声明

电子工业出版社依法对本作品享有专有出版权。任何未经权利人书面许可，复制、销售或通过信息网络传播本作品的行为；歪曲、篡改、剽窃本作品的行为，均违反《中华人民共和国著作权法》，其行为人应承担相应的民事责任和行政责任，构成犯罪的，将被依法追究刑事责任。

为了维护市场秩序，保护权利人的合法权益，我社将依法查处和打击侵权盗版的单位和个人。欢迎社会各界人士积极举报侵权盗版行为，本社将奖励举报有功人员，并保证举报人的信息不被泄露。

举报电话：（010）88254396；（010）88258888

传　　真：（010）88254397

E-mail：　dbqq@phei.com.cn

通信地址：北京市万寿路 173 信箱

　　　　　电子工业出版社总编办公室

邮　　编：100036